Jürgen Kahmann

BASIC-Programme zur Numerischen Mathematik

Dieses Buch stimmt in der Gliederung des Stoffes und in
der Bezeichnungsweise überein mit dem Buch

Wolfgang Böhm, Günther Gose und Jürgen Kahmann
Methoden der Numerischen Mathematik

Das Buch führt in die Problemstellung ein und stellt anhand einiger
heute meist verwendeter Verfahren insbesondere die Grundideen
von Lösungsmethoden heraus. Zu jedem Verfahren wird ein
Algorithmus angegeben, der unmittelbar zur Lösung von Hand als
auch zur Programmierung verwendet werden kann. So wendet sich
das Buch an einen breiten Leserkreis von Mathematikern, Natur-
wissenschaftlern und Ingenieuren, für die die Benutzung numerischer
Methoden zur Lösung ihrer Probleme unerläßlich ist.

Jürgen Kahmann

BASIC-Programme zur Numerischen Mathematik

37 Programme mit ausführlicher
Beschreibung

Springer Fachmedien Wiesbaden GmbH

CIP-Kurztitelaufnahme der Deutschen Bibliothek

Kahmann, Jürgen:
BASIC-Programme zur numerischen Mathematik:
37 Programme mit ausführl. Beschreibung/Jürgen
Kahmann.

ISBN 978-3-528-04319-3   ISBN 978-3-663-14219-5 (eBook)
DOI 10.1007/978-3-663-14219-5

Das im Buch enthaltene Programm-Material ist mit keiner Verpflichtung oder Garantie irgendeiner Art verbunden. Der Autor übernimmt infolgedessen keine Verantwortung und wird keine daraus folgende oder sonstige Haftung übernehmen, die auf irgendeine Art aus der Benutzung dieses Programm-Materials oder Teilen davon entsteht.

1985

ISBN 978-3-528-04319-3

Vorwort

Dieser Band enthält eine Sammlung von 37 Programmen der Numerischen Mathematik,
geschrieben in der weitverbreiteten Programmiersprache BASIC. Seine Konzeption beruht
auf dem Buch

Methoden der Numerischen Mathematik

von Wolfgang Böhm, Günther Gose und Jürgen Kahmann (Vieweg, Braunschweig 1985),
aus dem Gliederung, Bezeichnungsweise und die Algorithmen übernommen wurden, und
gleicht der meines Buches ,,Numerische Mathematik — Programme für den TI 59'' (Vieweg,
Braunschweig 1980).

Es werden keine BASIC-Spezialbefehle und -Spezialfunktionen benutzt; die angelisteten
Programme sind (in Ausnahmefällen mit geringen Änderungen) auf allen mit BASIC aus-
gerüsteten Micro- und Homecomputern lauffähig.

Wieder danke ich dem Vieweg-Verlag für die problemlose Zusammenarbeit.

Wolfenbüttel, im Frühjahr 1984 *Jürgen Kahmann*

Inhaltsverzeichnis

1 Einführung

Dieses Buch enthält 37 BASIC-Programme der Numerischen Mathematik. Die ausführlichen Programmbeschreibungen umfassen jeweils

- eine kurze Erläuterung des programmierten Verfahrens (Näheres siehe Böhm/Gose, Einführung in die Methoden der Numerischen Mathematik)
- die Programmliste
- die Dateneingabe
- ein Beispiel mit Ausdruck der Ein- und Ausgabedaten.

1.1. Rechner und Programme

Die Programme wurden auf einem EPSON HX-20 mit 16 K Speicher und eingebautem Minidrucker programmiert und getestet.

Da aber ausschließlich Standard-BASIC-Funktionen und -Befehle verwendet wurden, sollten die Programme auf jedem BASIC-Rechner, der für Programm und Daten genügend Speicherplatz besitzt, laufen.

Die Eingabedaten sind jeweils in der angegebenen Reihenfolge in die DATA-Zeilen (Programmzeile 900 ff.) einzutragen. Die Ausgabe wurde für den Drucker programmiert; wer über keinen Drucker verfügt, ersetzt das Druckkommando LPRINT durch das Anzeigekommando PRINT für den Bildschirm. Gegebenenfalls sind dann auch STOP-Kommandos einzufügen, um ein „Durchlaufen" der Ergebnisanzeige, etwa bei großen Matrizen, zu verhindern.

Die in den Programmen definierten eindimensionalen Felder (Vektoren) haben die Länge 20 (z. B. DIM A(20)), die zweidimensionalen in der Regel das Format 20 * 20 (z. B. DIM B(20, 20)). Wo Anwendung bzw. Speicherplatz andere Formate verlangen, sind die DIM-Anweisungen entsprechend zu ändern.

Das folgende Beispiel zeigt die Form der Programmbeschreibungen in diesem Buch.

1.2 Beispiel: Matrizenprodukt

Das Programm berechnet das Produkt C einer n,l-Matrix $A = [a_{ij}]$ mit einer l,m-Matrix $B = [b_{jk}]$. $C = [c_{ik}]$ ist eine n,m-Matrix mit

$$c_{ik} = \sum_{j=1}^{l} a_{ij} \cdot b_{jk}$$

Programm 1.2 Matrizenprodukt

```
10 REM                                N
20 REM MATRIZENPRODUKT                230 REM
30 REM                                240 FOR K=1 TO M
40 DIM A(20,20),B(20,20)              250 FOR I=1 TO N
,C(20,20)                             260 S=0
50 REM                                270 FOR J=1 TO L
60 REM EINLESEN                       280 S=S+A(I,J)*B(J,K)
70 REM                                290 NEXT J
80 READ N,L,M                         300 C(I,K)=S
90 IF N>20 OR L>20 OR M>              310 NEXT I
20 THEN PRINT "DIM-ANWEI              320 NEXT K
SUNG IN ZEILE 40 AENDERN              330 REM
" ELSE GOTO 110                       340 REM AUSGABE
100 END                              350 REM
110 FOR J=1 TO L                      360 LPRINT"ERGEBNISMATRI
120 FOR I=1 TO N                      X C"
130 READ A(I,J)                       370 LPRINT"SPALTENWEISE"
140 NEXT I                            380 LPRINT
150 NEXT J                            390 FOR K=1 TO M
160 FOR K=1 TO M                      400 FOR I=1 TO N
170 FOR J=1 TO L                      410 LPRINT C(I,K)
180 READ B(J,K)                       420 NEXT I
190 NEXT J                            430 LPRINT
200 NEXT K                            440 NEXT K
210 REM                              450 END
220 REM AUSMULTIPLIZIERE              900 DATA
```

Speicherplatz für das Programm: 597 Bytes

Eingabedaten

Folgende Daten sind in die DATA-Zeilen ab Programmzeile 900 in der angegebenen Reihenfolge, durch Kommata getrennt, einzugeben:

n   : Zeilenzahl der Matrix A

l   : Spaltenzahl der Matrix A = Zeilenzahl der Matrix B

m   : Spaltenzahl der Matrix B

$a_{1,1}$
$a_{2,1}$
.
.
.   } Elemente der Matrix A spaltenweise
$a_{n,l}$

$b_{1,1}$
$b_{2,1}$
:
.   } Elemente der Matrix B spaltenweise
$b_{l,m}$

Beispiel

Man berechne $C = A \cdot B$ mit $A = \begin{bmatrix} 2 & 4 & 3 \\ 1 & 3 & 1 \end{bmatrix}$ und $B = \begin{bmatrix} 5 & 1 & 6 \\ 2 & 7 & 1 \\ 3 & 4 & 3 \end{bmatrix}$!

Eingabezeile

```
900 DATA 2,3,3,2,1,4,3,3
,1,5,2,3,1,7,4,6,1,3
```

Druckausgabe

```
ERGEBNISMATRIX C
SPALTENWEISE

    27
    14

    42
    26

    25
    12
```

Es ist $C = \begin{bmatrix} 27 & 42 & 25 \\ 14 & 26 & 12 \end{bmatrix}$.

2 Lineare Gleichungen und Ungleichungen

2.1 Die LR-Zerlegung mit Pivotsuche

Das Programm berechnet die Lösung eines linearen Gleichungssystems $Ax = a$ (A reguläre n,n-Matrix, a n-Spalte).

Die LR-Zerlegung ist ein konzentrierter Gaußalgorithmus, der die Matrix A zerlegt in das Produkt zweier Dreiecksmatrizen L und R. Dabei sei A zunächst ohne Zeilenvertauschungen zerlegbar, was i. a. nicht der Fall ist.

Die LR-Zerlegung läßt sich zur Lösung linearer Gleichungssysteme verwenden. Besonders sinnvoll ist ihre Anwendung, wenn mehrere Systeme $Ax = a_1$, ..., $Ax = a_r$ mit identischer Koeffizientenmatrix A vorliegen. Zur Lösung dieser r Systeme wird die LR-Zerlegung einmal bereitgestellt.

Die gewöhnliche LR-Zerlegung versagt, wenn eines der Diagonalelemente von R zu Null wird. Dann hat A keine LR-Zerlegung, wohl aber die Matrix $P \cdot A$, wobei P die Permutationsmatrix der Zeilenvertauschungen ist. Das Programm bestimmt also Dreiecksmatrizen L und R mit $L \cdot R = P \cdot A$.

Programm 2.1 LR-Zerlegung mit Pivotsuche

```
5 REM                            100 REM
10 REM LR-ZERLEGUNG MIT          105 REM ZERLEGUNG
PIVOTSUCHE                       110 REM
15 REM                           115 FOR K=1 TO N
20 DIM A(20,21),X(20),B(         120 IF K=1 GOTO 185
20)                              125 FOR I=1 TO K-1
25 REM                           130 IF I=1 GOTO 150
30 REM EINLESEN                  135 FOR J=1 TO I-1
35 REM                           140 A(I,K)=A(I,K)-A(I,J)
40 READ N,R                      *A(J,K)
45 P=2                           145 NEXT J
50 IF N>20 THEN PRINT"DI         150 NEXT I
M-ANWEISUNG IN ZEILE 40          155 FOR I=K TO N
AENDERN" ELSE GOTO 60            160 FOR J=1 TO K-1
55 END                           165 A(I,K)=A(I,K)-A(I,J)
60 FOR K=1 TO N+1                *A(J,K)
65 FOR I=1 TO N                  170 NEXT J
70 READ A(I,K)                   175 NEXT I
75 NEXT I                        180 REM
80 NEXT K                        185 REM PIVOT
85 FOR I=1 TO N                  190 REM
90 X(I)=I                        195 IND=K
95 NEXT I                        200 M=ABS(A(K,K))
```

```
205 FOR I=K+1 TO N
210 IF ABS(A(I,K))>M THE
N M=ABS(A(I,K)):IND=I
215 NEXT I
220 IF IND=K GOTO 260
225 REM
230 REM TAUSCH
235 REM
240 FOR J=1 TO N+1
245 SWAP A(K,J),A(IND,J)
250 NEXT J
255 SWAP X(K),X(IND)
260 IF A(K,K)=0 THEN PRI
NT"SINGULAERE MATRIX":EN
D
265 FOR I=K+1 TO N
270 A(I,K)=A(I,K)/A(K,K)
275 NEXT I
280 NEXT K
285 REM
290 REM VORWAERTSEINSETZ
EN
295 REM
300 FOR I=2 TO N
305 FOR J=1 TO I-1
310 A(I,N+1)=A(I,N+1)-A(
I,J)*A(J,N+1)
315 NEXT J
320 NEXT I
325 REM
330 REM RUECKWAERTSEINSE
TZEN
335 REM
340 IF A(N,N)=0 THEN PRI
NT"SINGULAERE MATRIX":EN
D
345 A(N,N+1)=A(N,N+1)/A(
N,N)
350 FOR I=N-1 TO 1 STEP
-1
355 FOR J=N TO I+1 STEP
-1
360 A(I,N+1)=A(I,N+1)-A(
I,J)*A(J,N+1)
365 NEXT J
370 A(I,N+1)=A(I,N+1)/A(
I,I)
375 NEXTI
380 REM
385 REM AUSGABE
390 REM
395 LPRINT"ERGEBNISVEKTO
R":LPRINT
400 FOR I=1 TO N
405 LPRINT A(I,N+1)
410 NEXT I
415 LPRINT:LPRINT
420 REM
425 REM NEUE RECHTE SEIT
E
430 REM
435 IF P>R THEN END ELSE
 P=P+1
440 FOR I=1 TO N
445 READ B(I)
450 NEXT I
455 REM
460 REM UMSORTIEREN
465 FOR I=1 TO N
470 L=X(I)
475 A(I,N+1)=B(L)
480 NEXT I
485 GOTO 285
900 DATA
```

Speicherplatz für das Programm: 1461 Bytes

Eingabedaten

n : Zeilenzahl der Matrix A = Spaltenzahl der Matrix A

r : Anzahl der rechten Seiten $a_1, \ldots, a_r$

$$\left.\begin{array}{l} a_{1,1} \\ a_{2,1} \\ \\ \\ \\ a_{n,n} \end{array}\right\}$$ Elemente der Matrix A spaltenweise

$$\left.\begin{array}{l} a1_1 \\ \vdots \\ a1_n \end{array}\right\} \text{Elemente der rechten Seite } a_1$$

$$\left.\begin{array}{l} a2_1 \\ \vdots \\ a2_n \end{array}\right\} \text{Elemente der rechten Seite } a_2$$

$$\vdots$$

$$\left.\begin{array}{l} ar_1 \\ \vdots \\ ar_n \end{array}\right\} \text{Elemente der rechten Seite } a_r$$

Bemerkung

Ist A nicht regulär, so hält das Programm und es erfolgt die Anzeige "Singuläre Matrix".

Beispiel

Gesucht ist die Lösung der linearen Gleichungssysteme $Ax = a_1$ und $Ax = a_2$ mit

$$A = \begin{bmatrix} 2 & 2 & 0 \\ 1 & 1 & 2 \\ 2 & 1 & 1 \end{bmatrix}, \qquad a_1 = \begin{bmatrix} 6 \\ 9 \\ 7 \end{bmatrix}, \qquad a_2 = \begin{bmatrix} 12 \\ 14 \\ 18 \end{bmatrix}.$$

Eingabezeile

```
900 DATA 3,2,2,1,2,2,1,1
,0,2,1,6,9,7,12,14,18
```

Druckausgabe

```
ERGEBNISVEKTOR

 1
 2
 3


ERGEBNISVEKTOR

 8
-2
 4
```

$$\text{Es ist} \quad x_1 = \begin{bmatrix} 1 \\ 2 \\ 3 \end{bmatrix} \quad \text{und} \quad x_2 = \begin{bmatrix} 8 \\ -2 \\ 4 \end{bmatrix}.$$

2.2 Inversion mit totaler Pivotsuche

Das Programm bestimmt die Inverse $A^{-1} = [a'_{ik}]$ einer regulären n,n-Matrix A mittels des Austauschverfahrens. Dabei wird in jedem Schritt innerhalb der bisher nicht getauschten Zeilen und Spalten eine totale Pivotsuche durchgeführt. Der jeweilige Pivot wird in die Haup diagonale getauscht. Nach Durchführung der Inversion werden die Zeilen und Spalten in natürlicher Reihenfolge geordnet.

Programm 2.2 Inversion mit totaler Pivotsuche

```
5 REM
10 REM AUSTAUSCHVERFAHRE
N
15 REM
20 DIM A(21,21)
25 REM
30 REM EINLESEN
35 REM
40 READ N
45 IF N>20 THEN PRINT "D
IM-ANWEISUNG IN ZEILE 40
 AENDERN" ELSE GOTO 55
50 END
55 FOR K=1 TO N
60 FOR I=1 TO N
65 READ A(I,K)
70 NEXT I
75 NEXT K
80 REM
85 REM INDIZES
90 REM
95 FOR I=1 TO N
100 A(N+1,I)=I
105 A(I,N+1)=I
110 NEXT I
115 REM
120 REM AUSTAUSCHEN
125 REM
130 FOR I=1 TO N
135 M=ABS(A(I,I))
140 Z=I:S=I
145 FOR J=I TO N
150 FOR K=I TO N
155 IF ABS(A(J,K))>M THE
N M=ABS(A(J,K)) ELSE GOT
O 165
160 Z=J:S=K
165 NEXT K
170 NEXT J
175 IF M=0 THEN PRINT"SI
NGULÄRE MATRIX":END
180 IF Z=I AND S=I GOTO
215
185 FOR J=1 TO N+1
190 SWAP A(J,I),A(J,S)
195 NEXT J
200 FOR J=1 TO N+1
205 SWAP A(I,J),A(Z,J)
210 NEXT J
215 FOR J=1 TO N
220 IF J=I GOTO 245
225 FOR K=1 TO N
230 IF K=I GOTO 240
235 A(J,K)=A(J,K)-A(J,I)
*A(I,K)/A(I,I)
240 NEXT K
245 NEXT J
250 FOR J=1 TO N
255 IF J=I GOTO 265
260 A(I,J)=-A(I,J)/A(I,I
)
265 NEXT J
270 FOR J=1 TO N
275 IF J=I GOTO 285
280 A(J,I)=A(J,I)/A(I,I)
285 NEXT J
290 A(I,I)=1/A(I,I)
295 NEXT I
300 REM
305 REM UMSORTIEREN
310 REM
315 FOR I=1 TO N-1
320 FOR J=I TO N
325 IF A(N+1,J)<>I GOTO
355
330 FOR K=1 TO N
335 SWAP A(I,K),A(J,K)
340 NEXT K
345 SWAP A(N+1,I),A(N+1,
J)
350 GOTO 360
355 NEXT J
360 NEXT I
365 FOR I=1 TO N-1
370 FOR J=I TO N
375 IF A(J,N+1)<>I GOTO
```

```
405
380 FOR K=1 TO N
385 SWAP A(K,I),A(K,J)
390 NEXT K
395 SWAP A(I,N+1),A(J,N+
1)
400 GOTO410
405 NEXT J
410 NEXT I
415 REM
420 REM AUSGABE
425 REM
430 LPRINT:LPRINT
```

```
435 LPRINT"INVERSE MATRI
X"
440 FOR K=1 TO N
445 LPRINT
450 LPRINT"SPALTE";K
455 LPRINT
460 FOR I=1 TO N
465 LPRINT A(I,K)
470 NEXT I
475 NEXT K
480 END
900 DATA
```

Speicherplatz für das Programm: 1358 Bytes

Eingabedaten

n   : Zeilenzahl der Matrix A = Spaltenzahl der Matrix A

$$\left.\begin{array}{l} a_{1,1} \\ a_{2,1} \\ . \\ . \\ . \\ a_{n,n} \end{array}\right\} \text{Elemente der Matrix A spaltenweise}$$

Bemerkung

Ist A nicht regulär, so hält das Programm und es erfolgt die Anzeige "Singuläre Matrix".

Beispiel

Gesucht ist die Inverse der Matrix $A = \begin{bmatrix} 2 & 2 & 0 \\ 1 & 1 & 2 \\ 2 & 1 & 1 \end{bmatrix}$.

Eingabezeile

```
900 DATA 3,2,1,2,2,1,1,0
,2,1
```

Druckausgabe

```
INVERSE MATRIX

SPALTE 1

-.25
 .75
-.25

SPALTE 2

-.5
 .5
 .5
```

SPALTE 3

```
 1
-1
 0
```

Es ist also $A^{-1} = \begin{bmatrix} -0.25 & -0.5 & 1 \\ 0.75 & 0.5 & -1 \\ -0.25 & 0.5 & 0 \end{bmatrix}$.

2.3 Die Cholesky-Zerlegung

Eine reguläre, symmetrische, positiv-definite n,n-Matrix A läßt sich zerlegen in $A = C^T C$, wobei C eine rechte obere Dreiecksmatrix ist. Wie die LR-Zerlegung verwendet man auch die Cholesky-Zerlegung zur Lösung linearer Gleichungssysteme $Ax = a$. Wegen der Symmetrie braucht man die Elemente von A unter der Hauptdiagonalen nicht abzuspeichern; eingegeben wird nur der in der Skizze schraffierte Teil der Matrix [A, a].

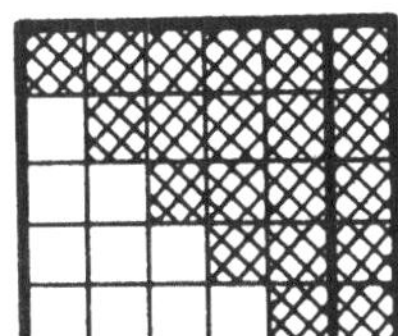

Programm 2.3: Die Cholesky-Zerlegung

```
10 REM
20 REM CHOLESKY-ZERLEGUN
G
30 REM
40 DIM A(20,21)
50 REM
60 REM EINLESEN
70 REM
80 READ N,R
90 P=2
100 IF N>20 THEN PRINT "
DIM-ANWEISUNG IN ZEILE 4
0 AENDERN" ELSE GOTO 120
110 END
120 FOR K=1 TO N+1
130 FOR I=1 TO K
140 IF I=N+1 GOTO 180
150 READ A(I,K)
160 NEXT I
170 NEXT K
180 REM
190 REM ZERLEGUNG
200 REM
210 IF A(1,1)<=0 THEN PR
INT"MATRIX NICHT POSITIV
 DEFINIT":END
220 A(1,1)=SQR(A(1,1))
230 FOR K=2 TO N
240 FOR I=1 TO K-1
250 IF I=1 GOTO 290
260 FOR J=1 TO I-1
270 A(I,K)=A(I,K)-A(J,I)
*A(J,K)
280 NEXT J
290 A(I,K)=A(I,K)/A(I,I)
300 NEXTI
310 FOR J=1 TO K-1
320 A(K,K)=A(K,K)-A(J,K)
^2
330 NEXT J
340 IF A(K,K)<=0 THEN PR
INT"MATRIX NICHT POSITIV
 DEFINIT":END
350 A(K,K)=SQR(A(K,K))
360 NEXT K
370 REM
380 REM VORWAERTSEINSETZ
EN
390 REM
400 A(1,N+1)=A(1,N+1)/A(
1,1)
410 FOR K=2 TO N
420 FOR J=1 TO K-1
430 A(K,N+1)=A(K,N+1)-A(
```

```
J,N+1)*A(J,K)                    570 REM
440 NEXT J                       580 REM AUSGABE
450 A(K,N+1)=A(K,N+1)/A(         590 REM
K,K)                             600 LPRINT:LPRINT
460 NEXT K                       610 LPRINT "LOESUNGSVEKT
470 A(N,N+1)=A(N,N+1)/A(         OR";P-1
N,N)                             620 LPRINT
480 REM                          630 FOR I=1 TO N
490 REM RUECKWAERTSEINSE         640 LPRINT A(I,N+1)
TZEN                             650 NEXTI
500 REM                          660 REM
510 FOR I=N-1 TO 1 STEP          670 REM NEUE RECHTE SEIT
-1                               E
520 FOR J=N TO I+1 STEP          680 REM
-1                               690 IF P>R THEN END
530 A(I,N+1)=A(I,N+1)-A(         700 P=P+1
J,N+1)*A(I,J)                    710 FOR I=1 TO N
540 NEXT J                       720 READ A(I,N+1)
550 A(I,N+1)=A(I,N+1)/A(         730 NEXT I
I,I)                             740 GOTO 380
560 NEXTI                        900 DATA
```

Speicherplatz für das Programm: 1200 Bytes

Bemerkung

Ist die Matrix A nicht positiv definit, so hält das Programm und es erfolgt die Anzeige "Matrix nicht positiv definit".

Eingabedaten

n : Spaltenzahl der Matrix A = Zeilenzahl der Matrix A
r : Anzahl der rechten Seiten $a_1, \ldots, a_r$

$$\left.\begin{array}{l} a_{1,1} \\ a_{1,2} \\ a_{2,2} \\ a_{1,3} \\ \cdot \\ \cdot \\ \cdot \\ a_{n,n} \end{array}\right\}$$ Elemente der Matrix A spaltenweise bis einschließlich der Hauptdiagonalen

$$\left.\begin{array}{l} a1_1 \\ \cdot \\ \cdot \\ \cdot \\ a1_n \end{array}\right\}$$ Elemente der rechten Seite a_1

$$\vdots$$

$$\left.\begin{array}{l} ar_1 \\ \cdot \\ \cdot \\ \cdot \\ ar_n \end{array}\right\}$$ Elemente der rechten Seite a_r

Beispiel

Gesucht ist die Lösung der linearen Gleichungssysteme $A\mathbf{x} = \mathbf{a}_1$ und $A\mathbf{x} = \mathbf{a}_2$ mit

$$A = \begin{bmatrix} 2 & 1 & 0 \\ 1 & 4 & 1 \\ 0 & 1 & 2 \end{bmatrix}, \qquad \mathbf{a}_1 = \begin{bmatrix} 5 \\ 9 \\ 7 \end{bmatrix}, \qquad \mathbf{a}_2 = \begin{bmatrix} 1 \\ -1 \\ 3 \end{bmatrix}.$$

Eingabezeile

```
900 DATA 3,2,2,1,4,0,1,2
,5,9,7,1,-1,3
```

Druckausgabe

```
LOESUNGSVEKTOR 1

 2
 1
 3


LOESUNGSVEKTOR 2

 1
-1
 2
```

2.4 Die QR-Zerlegung und vermittelndes Ausgleichen

Die QR-Zerlegung nach Householder führt eine n,m-Matrix A mit $n \geq m$ und rang $A = m$ durch Multiplikation mit einer orthonormalen Matrix Q in eine rechte obere Dreiecksmatrix R über. Der Algorithmus ist numerisch besonders günstig bei linearen Gleichungssystemen $A\mathbf{x} = \mathbf{a}$, deren Koeffizientenmatrix A schlecht konditioniert ist (d.h. deren Zeilen bzw. Spalten nahezu linear abhängig sind). Außerdem liefert die QR-Zerlegung die Lösung überbestimmter linearer Gleichungssysteme $A\mathbf{x} = \mathbf{a}$, A n,m-Matrix, $n > m$, nach der Gaußschen Methode der kleinsten Quadrate (vermittelndes Ausgleichen).

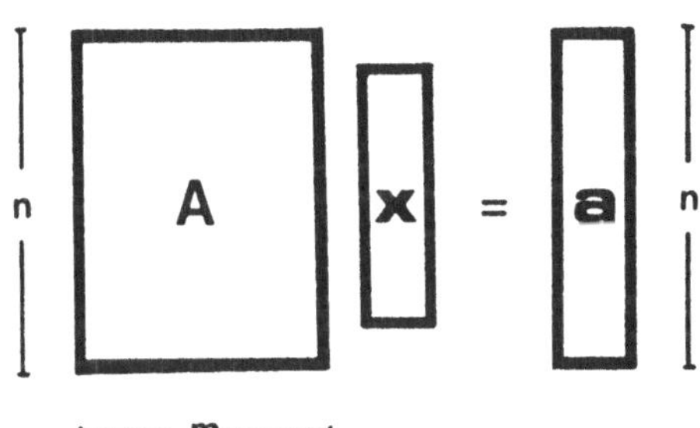

Programm 2.4 Die QR-Zerlegung

```
10 REM                          350 NEXT K
20 REM  QR-ZERLEGUNG            360 LET A(J,J)=A
30 REM                          370 NEXT J
40 DIM A(20,21),S(20)           380 IF A(M,M)=0 THEN PRI
50 READ N,M                     NT A$ ELSE 400
60 FOR K=1 TO M+1               390 END
70 FOR I=1 TO N                 400 LET A(M,M+1)=A(M,M+1
80 READ A(I,K)                  )/A(M,M)
90 NEXT I                       410 FOR J= M-1 TO 1 STEP
100 NEXT K                       -1
110 REM                         420 FOR I= M TO J+1 STEP
120 REM HOUSEHOLDER              -1
130 REM                         430 LET A(J,M+1)=A(J,M+1
140 IF M=N THEN L=M-1 EL        )-A(J,I)*A(I,M+1)
SE L=M                          440 NEXT I
150 FOR J=1 TO L                450 LET A(J,M+1)=A(J,M+1
160 LET B=0                     )/A(J,J)
170 FOR I=J TO N                460 NEXT J
180 LET B=B+A(I,J)*A(I,J        470 REM
)                               480 REM AUSGABE
190 NEXTI                       490 REM
200 A$="DIE SPALTEN VON         500 LPRINT
A SIND LINEAR ABHÄNGIG"         510 LPRINT"LöSUNGSVEKTOR
210 IF B=0 THEN PRINT A$        "
 ELSE230                        520 LPRINT
220 END                         530 FOR I=1 TO M
230 IF A(J,J)=0 THEN A=-        540 LPRINT A(I,M+1)
SQR(B) ELSE A=-SGN(A(J,J        550 NEXT I
))*SQR(B)                       560 IF N=M THEN 660
240 LET ALPHA=B-A(J,J)*A        570 D=0
250 LET A(J,J)=A(J,J)-A         580 FOR I=M+1 TO N
260 FOR K=J+1 TO M+1            590 D=D+A(I,M+1)*A(I,M+1
270 LET S=0                     )
280 FOR I=J TO N                600 NEXTI
290 LET S=S+A(I,J)*A(I,K        610 D=SQR(D)
)                               620 LPRINT
300 NEXT I                      630 LPRINT"NORM DES RESI
310 LET S(K)=S/ALPHA            DUUMS:"
320 FOR I=J TO N                640 LPRINT"|Ax-a| =";D
330 LET A(I,K)=A(I,K)-A(        650 LPRINT:LPRINT:LPRINT
I,J)*S(K)                       660 END
340 NEXT I                      900 DATA
```

Speicherplatz für das Programm: 1045 Bytes

Bemerkungen

1) Ist eine QR-Zerlegung der Matrix A nicht möglich, so hält das Programm und es erfolgt
   die Ausgabe ''Die Spalten von A sind linear abhängig''.

2) Bei der Lösung eines überbestimmten Gleichungssystems wird zusätzlich die Norm des
   Residuums $\|Ax - a\|_2$ ausgedruckt.

Eingabedaten

n   : Zeilenzahl der Matrix A
m   : Spaltenzahl der Matrix A

$\left.\begin{array}{l} a_{1,1} \\ a_{2,1} \\ \\ \\ \\ a_{n,m} \end{array}\right\}$ Elemente der Matrix A spaltenweise

$\left.\begin{array}{l} a_1 \\ \\ \\ \\ a_n \end{array}\right\}$ Elemente der rechten Seite **a**

Beispiele

1. Gesucht ist die Lösung des linearen Gleichungssystems $Ax = a$ mit der nahezu singulären
Matrix

$$A = \begin{bmatrix} 1 & 1.1 & 1.1 \\ 1 & 0.9 & 0.9 \\ 0 & -0.1 & 0.2 \end{bmatrix} \quad \text{und} \quad a = \begin{bmatrix} 1 \\ 1 \\ 0.3 \end{bmatrix}$$

Eingabezeile

```
900 DATA 3,3,1,1,0,1.1,.
9,-.1,1.1,.9,.2,1,1,.3
```

Druckausgabe

```
LöSUNGSVEKTOR

  1
 -1
  1
```

2. Es soll eine Parabel $y = c_0 + c_1 t + c_2 t^2$ durch die vier Punkte der Tabelle

t	-1	0	1	2
y	2	1	2	3

gelegt werden. Durch Einsetzen der Punkte in die Parabelgleichung erhält man das überbestimmte lineare Gleichungssystem

$$\begin{bmatrix} 1 & -1 & 1 \\ 1 & 0 & 0 \\ 1 & 1 & 1 \\ 1 & 2 & 4 \end{bmatrix} \begin{bmatrix} c_0 \\ c_1 \\ c_2 \end{bmatrix} = \begin{bmatrix} 2 \\ 1 \\ 2 \\ 3 \end{bmatrix}$$

Eingabezeile

```
900 DATA 4,3,1,1,1,1,-1,
0,1,2,1,0,1,4,2,1,2,3
```

Druckausgabe

```
LöSUNGSVEKTOR

 1.3
-.1
 .5

NORM DES RESIDUUMS:
|Ax-a| = .447214
```

Die gesuchte Ausgleichsparabel ist also

$$y = 1.3 - 0.1 \cdot t + 0.5 \cdot t^2.$$

2.5 Zyklische Relaxation

Zu einem linearen Gleichungssystem $Ax = a$ (A n,n-Matrix) sei eine Näherungslösung **p** mit
dem Residuum

$$r := Ap - a \neq 0$$

gegeben. Die Idee der Koordinatenrelaxation besteht darin, eine Komponente p_j der Näherungslösung **p** so zu ändern, daß die zugehörige Komponente r_j des Residuums **r** zu Null
wird. Bei diesem Algorithmus werden alle Koordinaten p_j der Reihe nach so oft abgearbeitet,
bis die Tschebyscheff-Norm des Residuums $\|r\|_\infty$ eine vorgegebene Toleranz $\sigma > 0$ unter-
schreitet.

Programm 2.5 Zyklische Relaxation

```
10 REM                             120 FOR K=1 TO N
20 REM ZYKLISCHE RELAXAT          130 FOR I=1 TO N
ION                               140 READ A(I,K)
30 REM                             150 NEXT I
40 DIM A(20,20),B(20),P(         160 NEXT K
20),R(20)                         170 FOR I=1 TO N
50 REM                             180 READ B(I)
60 REM EINLESEN                    190 NEXT I
70 REM                             200 FOR I=1 TO N
80 READ N,S                        210 READ P(I)
90 IF S<=0 THEN PRINT"PO          220 NEXT I
SITIVE TOLERANZ SIGMA !!          230 FOR I=1 TO N
!":END                            240 IF A(I,I)=0 THEN PRI
100 IF N>20 THEN PRINT "          NT"NULL AUF DER HAUPTDIA
DIM-ANWEISUNG IN ZEILE 4          GONALEN":END
0 AENDERN" ELSE GOTO 120          250 NEXT I
110 END                            260 REM
```

```
270 REM RELAXIEREN            430 FOR K=1 TO N
280 REM                       440 R(K)=R(K)+A(K,I)*RO
290 FOR I=1 TO N              450 NEXT K
300 R(I)=0                    460 NEXT I
310 FOR K=1 TO N              470 GOTO 360
320 R(I)=R(I)+A(I,K)*P(K      480 REM
)                             490 REM AUSGABE
330 NEXT K                    500 REM
340 R(I)=R(I)-B(I)            510 LPRINT
350 NEXT I                    520 LPRINT"ERGEBNISVEKTO
360 FOR I=1 TO N              R P"
370 IF ABS(R(I))>S GOTO       530 LPRINT
400                           540 FOR I=1 TO N
380 NEXT I                    550 LPRINT P(I)
390 GOTO 480                  560 NEXT I
400 FOR I=1 TO N              570 LPRINT
410 RO=-R(I)/A(I,I)           580 END
420 P(I)=P(I)+RO              900 DATA
```

Speicherplatz für das Programm: 833 Bytes

Bemerkung

Der Algorithmus versagt, wenn ein Diagonalelement von A gleich Null ist; das Programm hält in diesem Fall und es erfolgt die Anzeige "Null auf der Hauptdiagonalen".

Eingabedaten

n   : Zeilenzahl der Matrix A = Spaltenzahl der Matrix A

σ : Toleranz

$$\left.\begin{array}{l} a_{1,1} \\ a_{2,1} \\ \vdots \\ a_{n,n} \end{array}\right\} \text{Elemente der Matrix A spaltenweise}$$

$$\left.\begin{array}{l} a_1 \\ \vdots \\ a_n \end{array}\right\} \text{Elemente der rechten Seite } \mathbf{a}$$

$$\left.\begin{array}{l} p_1 \\ \vdots \\ p_n \end{array}\right\} \text{Elemente der Näherungslösung } \mathbf{p}$$

Beispiel

Zu dem linearen Gleichungssystem $Ax = a$ mit $A = \begin{bmatrix} 2 & 1 & 0 \\ 1 & 4 & 1 \\ 0 & 1 & 2 \end{bmatrix}$ und $a = \begin{bmatrix} 2 \\ 8 \\ 2 \end{bmatrix}$ sei die

Näherungslösung $p = \begin{bmatrix} 0.5 \\ 1.2 \\ -0.7 \end{bmatrix}$ gegeben. Gesucht ist eine verbesserte Näherung $\bar{x}$ mit

$$\|r\|_\infty = \|A\bar{x} - a\|_\infty < 0.01 .$$

Eingabezeile

```
900 DATA 3,.01,2,1,0,1,4
,1,0,1,2,2,8,2,.5,1.2,-.
7
```

Druckausgabe

```
ERGEBNISVEKTOR P

-2.34373E-03
 2.00117
-5.85824E-04
```

Die exakte Lösung ist $x = \begin{bmatrix} 0 \\ 2 \\ 0 \end{bmatrix}$.

2.6 Methode des stärksten Abstiegs

Diese Methode zur Lösung eines linearen Gleichungssystems $Ax = a$ mit symmetrischer und positiv-definiter n,n-Matrix A ist ein Relaxationsverfahren (siehe 2.5 ,,Zyklische Relaxation''), bei dem die Näherungslösung **p** nicht koordinatenweise, sondern in Richtung des Residuenvektors $r = Ap - a$ geändert wird. Der Algorithmus endet, wenn die euklidische Norm des Residuums **r** eine vorgegebene Toleranz $\sigma > 0$ unterschreitet.

Programm 2.6 Methode des stärksten Abstiegs

```
10 REM                          !":END
20 REM METHODE DES STAER        100 IF N>20 THEN PRINT "
KSTEN ABSTIEGS                  DIM-ANWEISUNG IN ZEILE 4
30 REM                          0 AENDERN" ELSE GOTO 120
40 DIM A(20,20),B(20),P(        110 END
20),R(20),V(20)                 120 FOR K=1 TO N
50 REM                          130 FOR I=1 TO N
60 REM EINLESEN                 140 READ A(I,K)
70 REM                          150 NEXT I
80 READ N,S                     160 NEXT K
90 IF S<=0 THEN PRINT"PO        170 FOR I=1 TO N
SITIVE TOLERANZ SIGMA !!        180 READ B(I)
```

```
190 NEXT I                          440 IF U<=0 THEN PRINT"M
200 FOR I=1 TO N                    ATRIX NICHT POSITIV DEFI
210 READ P(I)                       NIT":END
220 NEXT I                          450 LA=-O/U
230 REM                             460 FOR I=1 TO N
240 REM RELAXIEREN                  470 P(I)=P(I)+R(I)*LA
250 REM                             480 R(I)=R(I)+V(I)*LA
260 FOR I=1 TO N                    490 NEXT I
270 R(I)=0                          500 NO=0
280 FOR K=1 TO N                    510 FOR I=1 TO N
290 R(I)=R(I)+A(I,K)*P(K            520 NO=NO+R(I)^2
)                                   530 NEXT I
300 NEXT K                          540 IF NO<=S^2 THEN 550
310 R(I)=R(I)-B(I)                  ELSE 330
320 NEXT I                          550 REM
330 FOR I=1 TO N                    560 REM AUSGABE
340 V(I)=0                          570 REM
350 FOR K=1 TO N                    580 LPRINT
360 V(I)=V(I)+A(I,K)*R(K            590 LPRINT"ERGEBNISVEKTO
)                                   R P"
370 NEXT K                          600 LPRINT
380 NEXT I                          610 FOR I=1 TO N
390 O=0:U=0                         620 LPRINT P(I)
400 FOR I=1 TO N                    630 NEXT I
410 O=O+R(I)^2                      640 LPRINT
420 U=U+R(I)*V(I)                   650 END
430 NEXT I                          900 DATA
```

Speicherplatz für das Programm: 952 Bytes

Bemerkung

Ist A nicht positiv definit, so hält das Programm und es erfolgt die Anzeige "Matrix nicht positiv definit".

Eingabedaten

n : Zeilenzahl der Matrix A = Spaltenzahl der Matrix A

σ : Toleranz

$\left.\begin{array}{l} a_{1,1} \\ a_{2,1} \\ \vdots \\ a_{n,n} \end{array}\right\}$ Elemente der Matrix A spaltenweise

$\left.\begin{array}{l} a_1 \\ \vdots \\ a_n \end{array}\right\}$ Elemente der rechten Seite a

$\left.\begin{array}{l} p_1 \\ \vdots \\ p_n \end{array}\right\}$ Elemente der Näherungslösung p

Beispiel

Zu dem linearen Gleichungssystem $A\mathbf{x} = \mathbf{a}$ mit $A = \begin{bmatrix} 2 & 1 & 0 \\ 1 & 4 & 1 \\ 0 & 1 & 2 \end{bmatrix}$ und $\mathbf{a} = \begin{bmatrix} 2 \\ 8 \\ 2 \end{bmatrix}$ sei die

Näherungslösung $\mathbf{p} = \begin{bmatrix} 0.5 \\ 1.2 \\ -0.7 \end{bmatrix}$ gegeben. Gesucht ist eine verbesserte Näherung $\bar{\mathbf{x}}$ mit

$$\|\mathbf{r}\|_2 = \|A\bar{\mathbf{x}} - \mathbf{a}\|_2 < 0.005 \, .$$

Eingabezeile

```
900 DATA 3,.005,2,1,0,1,
4,1,0,1,2,2,8,2,.5,1.2,-
.7
```

Druckausgabe

```
ERGEBNISVEKTOR P

 9.33266E-04
 1.99832
 9.2445E-04
```

Die exakte Lösung ist $\mathbf{x} = \begin{bmatrix} 0 \\ 2 \\ 0 \end{bmatrix}$.

2.7 Lineare Optimierung

Das Programm berechnet die Lösung eines linearen Programms in Normalform

$$\begin{aligned}
\mathbf{y}_1 &\quad\quad\quad\; \geq 0 \\
\mathbf{y}_2 &= B\,\mathbf{y}_1 + \mathbf{b} \geq 0 \\
z &= \mathbf{c}^T \mathbf{y}_1 + c \rightarrow \max
\end{aligned}$$

nach dem Simplexverfahren. Dabei sind $\mathbf{y}_1$ und $\mathbf{c}$ m-Spalten, $\mathbf{y}_2$ und $\mathbf{b}$ n-Spalten und B ist eine n,m-Matrix. Das lineare Programm wird spaltenweise als eine Matrix L der folgenden Form eingegeben:

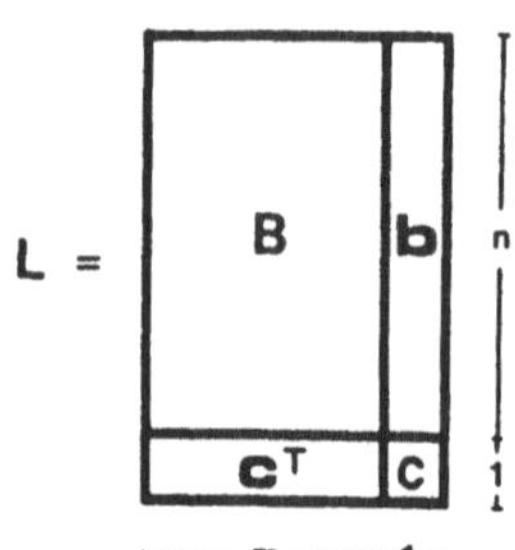

Programm 2.7 Lineare Optimierung

```
5 REM
10 REM LINEARE OPTIMIERU
NG
15 REM
20 DIM A(21,21),V(20),X(
20),Y(20)
25 READ PD$
30 READ N,M
35 IF N>20 OR M>20 THEN
PRINT "DIM-ANWEISUNG IN
ZEILE 40 AENDERN":END
40 FOR K=1 TO M+1
45 FOR I=1 TO N+1
50 READ A(I,K)
55 NEXT I
60 NEXT K
65 FOR I=1 TO M
70 X(I)=I
75 NEXT I
80 FOR I=1 TO N
85 Y(I)=-I
90 NEXT I
95 REM
100 REM SIMPLEX
105 REM
110 FOR I=1 TO M
115 IF A(N+1,I)>0 GOTO 1
30
120 NEXT I
125 GOTO 215
130 S=I
135 R=0
140 FOR I=1 TO N
145 IF A(I,S)>=0 GOTO 16
5
150 MIN=-A(I,M+1)/A(I,S)
155 R=I
160 GOTO 175
165 NEXT I
170 IF R=0 THEN PRINT"KE
INE LOESUNG":END
175 FOR I=1 TO N
180 IF A(I,S)>=0 GOTO 19
5
185 IF -A(I,M+1)/A(I,S)<
MIN THEN MIN=-A(I,M+1)/A
(I,S) ELSE GOTO 195
190 R=I
195 NEXT I
200 GOSUB 405
205 SWAP X(S),Y(R)
210 GOTO 95

215 REM
220 REM AUSGABE
225 REM
230 IF PD$="D" GOTO 310
235 FOR I=1 TO M
240 V(I)=0
245 FOR J=1 TO N
250 IF Y(J)=I THEN V(I)=
A(J,M+1):GOTO 260
255 NEXT J
260 NEXT I
264 LPRINT"PRIMALE LOESU
NG"
265 LPRINT
270 LPRINT "MAX Z-WERT:"
;A(N+1,M+1)
275 LPRINT
280 LPRINT "LOESUNGSVEKT
OR"
285 LPRINT
290 FOR I=1 TO M
295 LPRINT V(I)
300 NEXT I
305 END
310 REM
315 REM DUALE LOESUNG
320 REM
325 FOR I=1 TO N
330 V(I)=0
335 FOR J=1 TO M
340 IF X(J)=-I THEN V(I)
=-A(N+1,J):GOTO 350
345 NEXT J
350 NEXT I
354 LPRINT"DUALE LOESUNG
"
355 LPRINT
360 LPRINT "MIN Z-WERT:"
;A(N+1,M+1)
365 LPRINT
370 LPRINT"LOESUNGSVEKTO
R"
375 LPRINT
380 FOR I=1 TO N
385 LPRINT V(I)
390 NEXT I
395 END
400 REM
405 REM AUSTAUSCH
410 REM
415 FOR I= 1 TO N+1
420 IF I=R GOTO 445
```

```
425 FOR K=1 TO M+1
430 IF K=S GOTO 440
435 A(I,K)=A(I,K)-A(I,S)
*A(R,K)/A(R,S)
440 NEXT K
445 NEXT I
450 FOR I=1 TO N+1
455 IF I=R GOTO 465
460 A(I,S)=A(I,S)/A(R,S)
```

```
465 NEXT I
470 FOR K=1 TO M+1
475 IF K=S GOTO 485
480 A(R,K)=-A(R,K)/A(R,S
)
485 NEXT K
490 A(R,S)=1/A(R,S)
495 RETURN
900 DATA
```

Speicherplatz für das Programm: 1491 Bytes

Bemerkungen

1. Ist man nicht an der Lösung des primalen, sondern des dualen linearen Programms

$$
\begin{aligned}
v_2 &\qquad\qquad \leqslant 0 \\
v_1 &= -B^T v_2 + c \leqslant 0 \\
w &= -b^T v_2 + c \to \min
\end{aligned}
$$

interessiert, so ist in der DATA-Zeile als erste Variable ein D für dual (statt eines P für primal) einzutragen.

Auch in diesem Fall wird die Matrix $L = \left[\begin{array}{c|c} B & b \\ \hline c^T & c \end{array}\right]$ eingegeben.

2. Existiert keine optimale Lösung, weil die Menge der zulässigen Lösungen unbeschränkt ist, so hält das Programm, und es erfolgt die Anzeige "Keine Lösung".

Eingabedaten

PD\$	: P für primal, D für dual
n	: Zeilenzahl der Matrix B
m	: Spaltenzahl der Matrix B

$$
\left.\begin{array}{l}
l_{1,1} \\
l_{1,2} \\
\quad . \qquad . \\
\quad . \\
\quad . \\
l_{n+1,\,m+1}
\end{array}\right\} \text{Elemente der Matrix L spaltenweise}
$$

Beispiel

Gegeben ist das lineare Optimierungsproblem

$$
\begin{aligned}
y_1 &\geq 0,\ \ y_2 \geq 0 \\
y_1 + y_2 &\leq 10 \\
3y_1 + 2y_2 &\leq 24 \\
y_1 &\leq 6 \\
2y_1 + y_2 &\to \max
\end{aligned}
$$

Die Normalform lautet

$$\begin{bmatrix} y_1 \\ y_2 \end{bmatrix} \geq 0, \qquad \begin{bmatrix} -1 & -1 \\ -3 & -2 \\ -1 & 0 \end{bmatrix} \begin{bmatrix} y_1 \\ y_2 \end{bmatrix} + \begin{bmatrix} 10 \\ 24 \\ 6 \end{bmatrix} \geq 0, \quad z = 2y_1 + y_2 + 0 \rightarrow \max ;$$

$$\text{also} \quad L = \left[\begin{array}{cc|c} -1 & -1 & 10 \\ -3 & -2 & 24 \\ -1 & 0 & 6 \\ \hline 2 & 1 & 0 \end{array}\right].$$

Eingabezeile

```
900 DATA P,3,2,-1,-3,-1,
2,-1,-2,0,1,10,24,6,0
```

Druckausgabe

```
PRIMALE LOESUNG

MAX Z-WERT: 15

LOESUNGSVEKTOR

  6
  3
```

Es ist $z_{max} = 15$ und $\begin{bmatrix} y_1 \\ y_2 \end{bmatrix} \quad \begin{bmatrix} 6 \\ 3 \end{bmatrix}.$

3 Iteration

3.1 Vektoriteration nach von Mises

Verfügt man über einen geeigneten Startvektor y_0 und besitzt die n,n-Matrix A einen betragsgrößten Eigenwert λ_1, so konvergiert die Iterationsfolge

$$y_i = A \cdot y_{i-1} \cdot \frac{1}{\|y_{i-1}\|_\infty} \; ; \quad i = 1, 2, \ldots$$

gegen den Eigenvektor x_1 von A und die Folge

$$\frac{y_i^T y_i}{y_i^T y_{i-1}} \; ; \quad i = 1, 2, \ldots$$

gegen den Eigenwert λ_1. Das Programm bricht ab, wenn

$$\|y_i - y_{i-1} \cdot \|y_i\|_\infty\|_\infty < \epsilon$$

ist ($\epsilon > 0$ Toleranz) oder die vorzugebende Maximalzahl N von Iterationen durchgeführt worden ist.

Programm 3.1 Vektoriteration nach von Mises

```
10 REM
20 REM VON MISES
30 REM
40 DIM A(20,20),Y1(20),Y
2(20)
50 REM
60 REM EINLESEN
70 REM
80 READ N,M,EPS
90 IF N>20 THEN PRINT "D
IM-ANWEISUNG IN ZEILE 40
 AENDERN" ELSE GOTO 110
100 END
110 FOR K=1 TO N
120 FOR I=1 TO N
130 READ A(I,K)
140 NEXT I
150 NEXT K
160 FOR I=1 TO N
170 READ Y1(I)
180 NEXT I
190 REM
200 REM ITERATION
210 REM
220 FOR K=1 TO M
230 MAX=0
240 FOR I=1 TO N
250 Y2(I)=0
260 FOR J=1 TO N
270 Y2(I)=Y2(I)+A(I,J)*Y
1(J)
280 NEXT J
290 IF ABS(Y2(I))>MAX TH
EN MAX=ABS(Y2(I)):Z=I
300 NEXT I
310 U=1
320 IF Y1(Z)*Y2(Z)<0 THE
N U=-1
330 MAX1=ABS(Y2(1)-U*MAX
*Y1(1))
340 FOR I=2 TO N
350 B=ABS(Y2(I)-U*MAX*Y1
(I))
360 IF B>MAX1 THEN MAX1=
B
370 NEXT I
```

```
380 IF MAX1<EPS GOTO 450        510 U=U+Y2(I)*Y1(I)
390 IF K=M GOTO 440             520 Y2(I)=Y2(I)/MAX
400 FOR I=1 TO N                530 NEXT I
410 Y1(I)=Y2(I)/MAX             540 LA=O/U
420 NEXT I                      550 LPRINT
430 NEXT K                      560 LPRINT"EIGENWERT:";L
440 LPRINT"TOLERANZ NICH        A
T UNTERSCHRITTEN"               570 LPRINT
450 REM                         580 LPRINT"EIGENVEKTOR"
460 REM AUSGABE                 590 LPRINT
470 REM                         600 FOR I=1 TO N
480 O=0:U=0                     610 LPRINT Y2(I)
490 FOR I=1 TO N                620 NEXT I
500 O=O+Y2(I)^2                 630 END
                                900 DATA
```

Speicherplatz für das Programm: 928 Bytes

Eingabedaten

n : Zeilenzahl der Matrix A = Spaltenzahl der Matrix A

N : Maximalzahl von Iterationen

ϵ : Toleranz

$$\left.\begin{array}{l} a_{1,1} \\ a_{2,1} \\ \ . \\ \ . \\ \ . \\ a_{n,n} \end{array}\right\} \text{Elemente der Matrix A spaltenweise}$$

$$\left.\begin{array}{l} y0_1 \\ \ . \\ \ . \\ \ . \\ y0_n \end{array}\right\} \text{Startvektor } y_0$$

Beispiel

Mit höchstens N = 5 Iterationsschritten, der Toleranz $\epsilon = 0.1$ und dem Startvektor $y_0 = [1, 0, 0]^T$ soll der betragsgrößte Eigenwert λ_1 und der zugehörige Eigenvektor x_1 der Matrix

$$A = \begin{bmatrix} 3 & 2 & -1 \\ 2 & 6 & -2 \\ 0 & 0 & 2 \end{bmatrix}$$

näherungsweise bestimmt werden.

Eingabezeile

```
900 DATA 3,5,.1,3,2,0,2,
6,0,-1,-2,2,1,0,0
```

Druckausgabe

```
EIGENWERT: 6.99975

EIGENVEKTOR

 .504769
 1
 0
```

Die exakte Lösung ist $\lambda_1 = 7$ und $x_1 = \begin{bmatrix} 0.5 \\ 1 \\ 0 \end{bmatrix}$.

3.2 Inverse Iteration

Das Programm berechnet den betragskleinsten Eigenwert λ_n der n,n-Matrix A als betragsgrößten Eigenwert λ_n^{-1} von A^{-1}. Dabei wird die Iterationsvorschrift

$$y_i = A^{-1} y_{i-1}$$

ersetzt durch das Lösen des linearen Gleichungssystems

$$L R y_i = y_{i-1} .$$

Das Programm bricht die Iteration ab, wenn der Wert

$$\| y_i - y_{i-1} \| y_i \|_\infty \|_\infty$$

eine vorzugebende Toleranz $\epsilon > 0$ unterschreitet oder die Höchstzahl N von Schritten durchgeführt wurde.

Programm 3.2 Inverse Iteration

```
5 REM                           70 NEXT I
10 REM INVERSE ITERATION        75 NEXT K
15 REM                          80 FOR I=1 TO N
20 DIM A(20,20),X(20),B(        85 X(I)=I
20),Y1(20),Y2(20)               90 NEXT I
25 REM                          95 FOR I=1 TO N
30 REM EINLESEN                 100 READ Y1(I)
35 REM                          105 NEXT I
40 READ N,M,EPS                 110 REM
45 IF N>20 THEN PRINT "D        115 REM ZERLEGUNG
IM-ANWEISUNG IN ZEILE 40        120 REM
 AENDERN" ELSE GOTO 55          125 FOR K=1 TO N
50 END                          130 IF K=1 GOTO 195
55 FOR K=1 TO N                 135 FOR I=1 TO K-1
60 FOR I=1 TO N                 140 IF I=1 GOTO 160
65 READ A(I,K)                  145 FOR J=1 TO I-1
```

```
150 A(I,K)=A(I,K)-A(I,J)
*A(J,K)
155 NEXT J
160 NEXT I
165 FOR I=K TO N
170 FOR J=1 TO K-1
175 A(I,K)=A(I,K)-A(I,J)
*A(J,K)
180 NEXT J
185 NEXT I
190 REM
195 REM PIVOT
200 REM
205 IND=K
210 M1=ABS(A(K,K))
215 FOR I=K+1 TO N
220 IF ABS(A(I,K))>M1 TH
EN M1=ABS(A(I,K)):IND=I
225 NEXT I
230 IF IND=K GOTO 275
235 REM
240 REM TAUSCH
245 REM
250 FOR J=1 TO N
255 SWAP A(K,J),A(IND,J)
260 NEXT J
265 IF A(K,K)=0 THEN PRI
NT"SINGULAERE MATRIX":EN
D
270 SWAP X(K),X(IND)
275 FOR I=K+1 TO N
280 A(I,K)=A(I,K)/A(K,K)
285 NEXTI
290 NEXT K
295 REM
300 REM ITERATION
305 REM
310 FOR II=1 TO M
315 GOSUB 595
320 REM
325 REM VORWAERTSEINSETZ
EN
330 REM
335 FOR I=2 TO N
340 FOR J=1 TO I-1
345 Y2(I)=Y2(I)-A(I,J)*Y
2(J)
350 NEXT J
355 NEXT I
360 REM
365 REM RUECKWAERTSEINSE
TZEN
370 REM
375 IF A(N,N)=0 THEN PRI
NT"SINGULAERE MATRIX":EN
D
380 Y2(N)=Y2(N)/A(N,N)
385 FOR I=N-1 TO 1 STEP
-1
390 FOR J=N TO I+1 STEP
-1
395 Y2(I)=Y2(I)-A(I,J)*Y
2(J)
400 NEXT J
405 Y2(I)=Y2(I)/A(I,I)
410 NEXTI
415 MAX=0
420 FOR I=1 TO N
425 IF ABS(Y2(I))>MAX TH
EN MAX=ABS(Y2(I)):Z=I
430 NEXT I
435 V=1
440 IF Y1(Z)*Y2(Z)<0 THE
N V=-1
445 MAX1=0
450 FOR I=1 TO N
455 B=ABS(Y2(I)-V*MAX*Y1
(I))
460 IF B>MAX1 THEN MAX1=
B
465 NEXT I
470 IF MAX1<EPS GOTO 515
475 IF II=M GOTO 505
480 FOR I=1 TO N
485 Y1(I)=Y2(I)/MAX
490 NEXT I
495 NEXT II
500 LPRINT
505 LPRINT"TOLERANZ NICH
T UNTERSCHRITTEN"
510 LPRINT
515 O=0:U=0
520 FOR I=1 TO N
525 O=O+Y2(I)*Y1(I)
530 U=U+Y2(I)^2
535 Y2(I)=Y2(I)/MAX
540 NEXT I
545 LA=O/U
550 LPRINT"EIGENWERT";LA
555 LPRINT
560 LPRINT"EIGENVEKTOR"
565 LPRINT
570 FOR I=1 TO N
575 LPRINT Y2(I)
580 NEXT I
585 END
590 REM
595 REM UMSORTIEREN
600 FOR I=1 TO N
605 L=X(I)
610 Y2(I)=Y1(L)
615 NEXT I
620 RETURN
900 DATA
```

Speicherplatz für das Programm: 1846 Bytes

Eingabedaten

n : Zeilenzahl der Matrix A = Spaltenzahl der Matrix A
N : Maximalzahl von Iterationen
ϵ : Toleranz

$$\left.\begin{array}{l} a_{1,1} \\ a_{2,1} \\ \vdots \\ a_{n,n} \end{array}\right\} \text{Elemente der Matrix A spaltenweise}$$

$$\left.\begin{array}{l} y0_1 \\ \vdots \\ y0_n \end{array}\right\} \text{Startvektor } y_0$$

Beispiel

Gesucht ist der betragskleinste Eigenwert λ_3 der Matrix $A = \begin{bmatrix} 1 & 0 & 1 \\ 0 & 4 & 2 \\ 1 & 2 & 3 \end{bmatrix}$ und der zuge-

hörige Eigenvektor x. Dabei sei $y_0 = [1, 0, 0]^T$, N = 10 und $\epsilon = 0.0001$.

Eingabezeile

```
900 DATA 3,10,.0001,1,0,
1,0,4,2,1,2,3,1,0,0
```

Druckausgabe

```
EIGENWERT .354249

EIGENVEKTOR

 1
 .354245
-.645747
```

3.3 Der LR-Algorithmus

Der Algorithmus von Rutishauser zur Bestimmung der Eigenwerte der regulären n,n-Matrix A beruht darauf, die Faktoren der LR-Zerlegung von A in umgekehrter Reihenfolge zu multiplizieren und dieses Vorgehen zu wiederholen:

$$\begin{aligned} A \quad &=: A_1 \quad = L_1 \cdot R_1 \\ R_1 \cdot L_1 &=: A_2 \quad = L_2 \cdot R_2 \\ &\;\;\vdots \\ R_i \cdot L_i &=: A_{i+1} = L_{i+1} \cdot R_{i+1} \\ &\;\;\vdots \end{aligned}$$

Existiert die LR-Zerlegung jeder Matrix A_i und sind alle Eigenwerte von A von verschiedenem Betrag, so konvergieren die L_i gegen die Einheitsmatrix E und die R_i gegen eine obere Dreiecksmatrix R, in deren Hauptdiagonalen die Eigenwerte der Matrix A stehen.

Das Programm führt maximal eine vorzugebende Anzahl N von Iterationsschritten durch oder bricht vorher ab, falls

$$\|L_i - E\|_\infty \leq \epsilon \cdot \|A\|_\infty$$

ist, wobei ϵ eine vorzugebende Toleranzschranke ist.

Bemerkung

Ist eine LR-Zerlegung von A_i nicht möglich, so hält das Programm; es erfolgt dann die Ausgabe "LR-Zerlegung nicht möglich" und der aktuellen Diagonalelemente von R_{i-1}.

Programm 3.3 Der LR-Algorithmus

```
5 REM
10 REM LR-ALGORITHMUS
15 REM
20 DIM A(20,20),B(20,20)
,D(20)
25 REM
30 REM EINLESEN
35 REM
40 READ N,M,EPS
45 IF N>20 THEN PRINT "D
IM-ANWEISUNG IN ZEILE 40
 AENDERN" ELSE GOTO 55
50 END
55 FOR K=1 TO N
60 FOR I=1 TO N
65 READ A(I,K)
70 NEXT I
75 NEXT K
80 MAX=0
85 FOR K=1 TO N
90 FOR I=1 TO N
95 IF ABS(A(I,K))>MAX TH
EN MAX=ABS(A(I,K))
100 NEXT I
105 NEXT K
110 MAX=MAX*ABS(EPS)
115 REM
120 REM ITERATION
125 REM
130 Z=0
135 Z=Z+1
140 FOR I=1 TO N
145 D(I)=A(I,I)
150 NEXT I
155 REM
160 REM ZERLEGUNG
165 REM
170 FOR K=1 TO N
175 IF K=1 GOTO 235
180 FOR I=1 TO K-1
185 IF I=1 GOTO 205
190 FOR J=1 TO I-1
195 A(I,K)=A(I,K)-A(I,J)
*A(J,K)
200 NEXT J
205 NEXT I
210 FOR I=K TO N
215 FOR J=1 TO K-1
220 A(I,K)=A(I,K)-A(I,J)
*A(J,K)
225 NEXT J
230 NEXT I
235 IF A(K,K)=0 GOTO 480
240 FOR I=K+1 TO N
245 A(I,K)=A(I,K)/A(K,K)
250 NEXT I
255 NEXT K
260 REM
265 REM ABBRUCHKRIT.
270 REM
275 FOR K=1 TO N
280 FOR I=K+1 TO N
285 IF ABS(A(I,K))>MAX G
OTO 315
290 NEXT I
295 NEXT K
300 GOTO 510
305 IF Z=M GOTO 430
310 REM
315 REM AUSMULTIPLIZ.
320 REM
325 FOR K=1 TO N-1
```

```
330 FOR I=1 TO N              450 NEXT I
335 BD=K+1                     455 REM
340 IF I+1>BD THEN BD=I+       460 LPRINT
1                             465 LPRINT "NAEHERUNGEN
345 FOR J=N TO BD STEP -      NACH"
1                            470 LPRINT M;"ITERATIONE
350 B(I,K)=B(I,K)+A(I,J)      N:"
*A(J,K)                      475 GOTO 530
355 NEXT J                    480 LPRINT
360 IF I>K THEN B(I,K)=B       485 LPRINT"LR-ZERLEGUNG"
(I,K)+A(I,I)*A(I,K) ELSE      ;Z
 B(I,K)=B(I,K)+A(I,K)        490 LPRINT"NICHT MOEGLIC
365 NEXT I                    H"
370 NEXT K                    495 LPRINT
375 FOR I=1 TO N              500 LPRINT"AKTUELLE DIAG
380 B(I,N)=A(I,N)             ONALWERTE"
385 NEXT I                    505 GOTO 530
390 FOR K=1 TO N              510 LPRINT
395 FOR I=1 TO N              515 LPRINT"TOLERANZ UNTE
400 A(I,K)=B(I,K)             RSCHRITTEN"
405 B(I,K)=0                  520 LPRINT
410 NEXT I                    525 LPRINT"NAEHERUNGEN:"
415 NEXT K                    530 LPRINT
420 IF Z<M GOTO 135           535 FOR I=1 TO N
425 REM                       540 LPRINT D(I)
430 REM AUSGABE               545 NEXT I
435 REM                       550 END
440 FOR I=1 TO N              900 DATA
445 D(I)=A(I,I)
```

Speicherplatz für das Programm: 1582 Bytes

Eingabedaten

n : Zeilenzahl der Matrix A = Spaltenzahl der Matrix A
N : Maximalzahl von Iterationen
ϵ : Toleranz

$a_{1,1}$
$a_{2,1}$
$\vdots$ } Elemente der Matrix A spaltenweise
$a_{n,n}$

Beispiel

Gesucht sind in höchstens N = 10 Schritten mit der Toleranz ϵ = 0.001 die Eigenwerte

der Matrix $A = \begin{bmatrix} 6 & 2 & -1 \\ 2 & 6 & -3 \\ 0 & 0 & 0 \end{bmatrix}$.

Eingabezeile

```
900 DATA 3,10,.001,6,2,0
,2,6,0,-1,-3,2
```

Druckausgabe

```
TOLERANZ UNTERSCHRITTEN

NAEHERUNGEN:

 7.98444
 4.01556
 2
```

Die exakten Eigenwerte sind $\lambda_1 = 8$, $\lambda_2 = 4$, $\lambda_3 = 2$.

3.4 Iteration in einer Variablen

Gegeben sei eine kontrahierende Abbildung f, die der Lipschitzbedingung

$$|f(x) - f(y)| < L \cdot |x - y|$$

mit $0 < L < 1$ für $x, y \in [a, b]$ genügt. Das Programm liefert den Fixpunkt $s = f(s)$ als Grenzwert der Folge

$$x_{i+1} = f(x_i); \quad i = 0, 1, \ldots$$

für jeden Startwert $x_0 \in [a, b]$. Es bricht ab, falls die Höchstzahl N von Iterationen durchgeführt wurde oder falls für vorzugebendes $\epsilon > 0$ gilt:

$$|x_i - x_{i-1}| \le \epsilon \cdot \frac{1 - L}{L}.$$

Die Funktion f wird mit dem Befehl

```
DEF FNF(X) =
```

in Programmzeile 180 definiert.

Programm 3.4 Iteration in einer Variablen

```
100 REM                         180 DEF FNF(X)=
110 REM ITERATION IN EIN        190 REM
ER VARIABLEN                    200 REM
120 REM                         210 EPS=EPS*(1-L)/L
130 READ X,L,EPS,N              220 FOR I=1 TO N
140 REM                         230 X1=FNF(X)
150 REM DEFINITION VON F        240 IF ABS(X1-X)<=EPS GO
160 REM    IN ZEILE 180         TO 270
170 REM                         250 X=X1
```

```
260 NEXT I                          320 LPRINT "F(X)-X =";FN
270 REM                             F(X1)-X1
280 REM AUSGABE                     330 END
290 REM                             340 LPRINT"TOLERANZ UNTE
300 LPRINT "NACH";N;"SCH            RSCHRITTEN"
RITTEN:"                            350 GOTO 310
310 LPRINT "      X =";X1           900 DATA
```

Speicherplatz für das Programm: 390 Bytes

Eingabedaten

x_0 : Startwert
L : Lipschitzkonstante
ϵ : Toleranz
N : Maximalzahl von Iterationen

Beispiel

Gesucht ist s = f (s) mit $f(x) = \frac{\cos x}{2}$ im Intervall $[0, \frac{\pi}{2}]$, $\epsilon = 10^{-10}$, N = 10, $x_0 = 0.1$.
Dabei sei L = 0.5, denn es gilt $|f'(x)| = \left|\frac{-\sin x}{2}\right| \leqslant 0.5$

Eingabezeilen

```
180 DEF FNF(X)=.5*COS(X)
900 DATA .1,.5,1E-10,10
```

Druckausgabe

```
NACH 10 SCHRITTEN:
     X = .450184
F(X)-X = 2.98023E-08
```

3.5 Steffensen-Iteration

Gegeben sei eine in [a, b] kontrahierende Abbildung f. Dann konvergiert die Folge

$$x_{i+1} = x_i - \frac{(f(x_i) - x_i)}{f(f(x_i)) - 2f(x_i) + x_i} \cdot (f(x_i) - x_i) \quad i = 0, 1, \ldots$$

gegen den Fixpunkt s = f (s) von f. Vorzugeben ist eine Toleranz $\eta > 0$ und die Höchstzahl N von Iterationen. Das Programm bricht bereits nach weniger als N Schritten ab, wenn

$$|x_{i+1} - x_i| < \eta$$

ist.

Die Funktion f wird mit dem Befehl

```
    DEF FNF(X) =
```

in Programmzeile 180 definiert.

Programm 3.5 Steffensen-Iteration

```
100 REM
110 REM STEFFENSEN-ITERA
TION
120 REM
130 READ X,ETA,N
140 REM
150 REM DEFINITION VON F
160 REM    IN ZEILE 180
170 REM
180 DEF FNF(X)=
190 REM
200 REM
210 FOR I=1 TO N
220 X1=FNF(X)
230 X2=FNF(X1)
240 D1=X1-X
250 D2=X2-X1
260 IF D2-D1=0 GOTO 380
270 D=D1/(D2-D1)*D1
280 X=X-D
290 IF ABS(D)<=ETA GOTO
400
300 NEXT I
310 REM
320 REM AUSGABE
330 REM
340 LPRINT "NACH";N;"SCH
RITTEN:"
350 LPRINT "    X =";X
360 LPRINT "F(X)-X =";FN
F(X)-X
370 END
380 LPRINT"NENNER=0 IN S
CHRITT";I
390 GOTO 350
400 LPRINT "TOLERANZ UNT
ERSCHRITTEN"
410 GOTO 350
900 DATA
```

Speicherplatz für das Programm: 476 Bytes

Eingabedaten

x_0 : Startwert
η : Toleranz
N : Maximalzahl von Iterationen

Beispiel

Gesucht ist der Fixpunkt s = f (s) von $f(x) = \frac{\cos x}{2}$ im Intervall $[0, \frac{\pi}{2}]$ mit $\eta = 10^{-5}$,
N = 10 und dem Startwert $x_0 = 0.1$.

Eingabezeilen

```
TOLERANZ UNTERSCHRITTEN
    X = .450184
F(X)-X = 0
```

Druckausgabe

```
180 DEF FNF(X)=.5*COS(X)

900 DATA .1,1E-5,10
```

3.6 Das Newton-Verfahren

Ist s einfache Nullstelle der differenzierbaren Funktion g, so existiert eine Umgebung von s, so daß die Folge

$$x_{i+1} = x_i - \frac{g(x_i)}{g'(x_i)}; \quad i = 0, 1, \ldots$$

für jeden Startwert x_0 aus dieser Umgebung gegen s konvergiert. Vorzugeben ist eine Toleranz $\eta > 0$ und die Höchstzahl N von Iterationsschritten. Das Programm bricht bereits nach weniger als N Schritten ab, wenn

$$\left| \frac{g(x_i)}{g'(x_i)} \right| < \eta$$

ist.

Die Funktion g wird mit dem Befehl

    DEF FNG(X) =

in Programmzeile 180, die Ableitung g′ mit

    DEF FNG1(X) =

in Programmzeile 230 definiert.

Programm 3.6 Das Newton-Verfahren

```
100 REM                              0
110 REM NEWTON-VERFAHREN             290 O=FNG(X)
120 REM                              300 Q=O/U
130 READ X,ETA,N                     310 IF ABS(Q)<ETA GOTO 4
140 REM                              10
150 REM DEFINITION VON G             320 X=X-Q
160 REM    IN ZEILE 180              330 NEXT I
170 REM                              340 REM
180 DEF FNG(X)=                      350 REM AUSGABE
190 REM                              360 REM
200 REM EINGABE DER ABLE             370 LPRINT "NACH";N;"ITE
ITUNG G'                             RATIONEN:"
210 REM    IN ZEILE 230              380 LPRINT " X = ";X
220 REM                              390 LPRINT "G(X) = ";FNG
230 DEF FNG1(X)=                     (X)
240 REM                              400 END
250 REM                              410 LPRINT "TOLERANZ UNT
260 FOR I=1 TO N                     ERSCHRITTEN"
270 U=FNG1(X)                        420 GOTO 380
280 IF U=0 THEN LPRINT"G             900 DATA
'(X";I-1;") = 0":GOTO 38
```

Speicherplatz für das Programm: 488 Bytes

Eingabedaten

x_0 : Startwert
η : Toleranz
N   : Maximalzahl von Iterationen

Beispiel

Gesucht ist eine Nullstelle von $g(x) = x - \cos x$ mit N = 5, $x_0 = 0.5$ und $\eta = 10^{-10}$. Es ist

$$\frac{g(x)}{g'(x)} = \frac{x - \cos x}{1 + \sin x}$$

Eingabezeilen

```
180 DEF FNG(X)=X-COS(X)
230 DEF FNG1(X)=1+SIN(X)
900 DATA .5,1E-10,5
```

Druckausgabe

```
TOLERANZ UNTERSCHRITTEN
   X  =  .739085
G(X) =  0
```

3.7 Regula falsi

Ist s Nullstelle der Funktion g und liegen die Startwerte x_0 und x_1 genügend nah bei s, so konvergiert die Folge

$$x_{i+1} = x_i - \frac{x_i - x_{i-1}}{g(x_i) - g(x_{i-1})} g(x_i); \quad i = 1, 2, \ldots$$

gegen s. Die Toleranz $\eta > 0$ und die Maximalzahl N von Iterationen sind vorzugeben. Das Programm bricht ab, wenn

$$\left| \frac{x_i - x_{i-1}}{g(x_i) - g(x_{i-1})} \right| < \eta$$

ist oder N Iterationsschritte durchgeführt wurden.

Die Funktion g wird mit dem Befehl

```
DEF FNG(X) =
```

in Programmzeile 180 definiert.

Programm 3.7 Regula falsi

```
100 REM                          260 IF ABS(Q)<ETA GOTO 3
110 REM REGULA FALSI             70
120 REM                          270 X0=X1
130 READ X0,X1,ETA,N             280 X1=X1-Q*FNG(X1)
140 REM                          290 NEXT I
150 REM DEFINITION VON G         300 REM
160 REM    IN ZEILE 180          310 REM AUSGABE
170 REM                          320 REM
180 DEF FNG(X)=                   330 LPRINT "NACH";N;"ITE
190 REM                          RATIONEN:"
200 REM                          340 LPRINT "  X  = ";X1
210 FOR I=1 TO N                 350 LPRINT "G(X) = ";FNG
220 U=FNG(X1)-FNG(X0)            (X1)
230 IF U=0 THEN LPRINT"N         360 END
ENNER = 0 IN SCHRITT";I;         370 LPRINT "TOLERANZ UNT
:GOTO 340                        ERSCHRITTEN"
240 O=X1-X0                      380 GOTO 340
250 Q=O/U                        900 DATA
```

Speicherplatz für das Programm: 446 Bytes

Eingabedaten

$\left.\begin{array}{l} x_0 \\ x_1 \end{array}\right\}$ Startwerte

ϵ : Toleranz

N   : Maximalzahl von Iterationen

Beispiel

Gesucht ist eine Nullstelle von $g(x) = x - \cos x$ mit $x_0 = 0.4$, $x_1 = 0.5$, $\eta = 10^{-10}$ und N = 10.

Eingabezeilen

```
180 DEF FNG(X)=X-COS(X)
900 DATA .4,.5,1E-10,10
```

Druckausgabe

```
NENNER = 0 IN SCHRITT 7
  X  = .739085
G(X) = 0
```

3.8 Das vollständige Horner-Schema

Zur Auswertung eines Polynoms

$$\text{pol}(\lambda) = a_0 \lambda^n + a_1 \lambda^{n-1} + \ldots + a_n$$

an einer Stelle $\lambda = \lambda_0$ schreibt man zweckmäßigerweise

$$p := \text{pol}(\lambda_0) = (\ldots (a_0 \lambda_0 + a_1) \cdot \lambda_0 + a_2) \cdot \lambda_0 \ldots + a_{n-1}) \cdot \lambda_0 + a_n$$

und arbeitet die Klammern von innen nach außen ab. Das Programm hat so nur Additionen und Multiplikationen mit dem festen Faktor $\lambda = \lambda_0$ durchzuführen.

Ganz entsprechend werden die Ableitungen bis zur gewünschten Ordnung berechnet. Eingegeben werden nur die Koeffizienten $a_0, \ldots, a_n$ von $\text{pol}(\lambda)$.

Beachte: a_0 ist der Koeffizient von λ^n!

Programm 3.8 Das vollständige Horner-Schema

```
10 REM                              B(N)
20 REM HORNER-SCHEMA                180 FOR J=1 TO M
30 REM                              190 FOR K=1 TO N-J
40 DIM A(20),B(20)                  200 B(K)=B(K-1)*X+B(K)
50 READ N,M,R                       210 NEXT K
60 IF M>N THEN M=N                   220 C=B(N-J)
70 FOR I=0 TO N                      230 FOR K=1 TO J
80 READ A(I)                        240 C=C*K
90 NEXTI                            250 NEXT K
100 B(0)=A(0)                       260 LPRINT J;". ABL. : "
110 FOR I=1 TO R                    ;C
120 READ X                          270 NEXT J
130 LPRINT"ABZISSE   :";            280 LPRINT
X                                   290 FOR K=1 TO N
140 FOR K=1 TO N                    300 B(K)=0
150 B(K)=B(K-1)*X+A(K)              310 NEXT K
160 NEXT K                          320 NEXT I
170 LPRINT"ORDINATE  :";            900 DATA
```

Speicherplatz für das Programm: 425 Bytes

Eingabedaten

n : Grad von $\text{pol}(\lambda)$
M : Ordnung der höchsten zu berechnenden Ableitung
R : Anzahl der Argumente λ

$\left.\begin{array}{l} a_0 \\ \vdots \\ a_n \end{array}\right\}$ Koeffizienten von $\text{pol}(\lambda)$

$\left.\begin{array}{l} \lambda_1 \\ \vdots \\ \lambda_R \end{array}\right\}$ Argumente

Beispiel

Zu berechnen sind Funktionswerte und Ableitungen bis zur Ordnung 3 des Polynoms

$$\text{pol}(\lambda) = -\lambda^3 + 3\lambda^2 + 4\lambda - 2$$

an den Stellen $\lambda_0 = 0.5$ und $\lambda_1 = 1.5$.

Eingabezeile

```
900 DATA 3,3,2,-1,3,4,-2
,.5,1.5
```

Druckausgabe

```
ABZISSE    : .5
ORDINATE   : .625
  1 . ABL. :   6.25
  2 . ABL. :   3
  3 . ABL. :  -6

ABZISSE    : 1.5
ORDINATE   : 7.375
  1 . ABL. :   6.25
  2 . ABL. :  -3
  3 . ABL. :  -6
```

3.9 Einfache Nullstellen von Polynomen

Einfache Nullstellen s eines Polynoms

$$\text{pol}(\lambda) = a_0\lambda^n + a_1\lambda^{n-1} + \ldots + a_n$$

bestimmt man durch das Iterationsverfahren von Newton (siehe 3.6 „Das Newton-Verfahren"):

$$\lambda_{i+1} = \lambda_i - \frac{\text{pol}(\lambda_i)}{\text{pol}'(\lambda_i)}; \quad i = 0, 1, \ldots$$

Dabei ist λ_0 ein geeigneter Startwert. Der Quotient

$$q := \frac{\text{pol}(\lambda_i)}{\text{pol}'(\lambda_i)}$$

wird im erweiterten Horner-Schema bestimmt (siehe 3.8 „Das vollständige Horner-Schema"). Eingegeben werden neben den Koeffizienten $a_0, \ldots, a_n$ und dem Startwert λ_0 eine Toleranz $\epsilon > 0$ und die Höchstzahl N von Iterationen. Das Programm bricht nach weniger als N Schritten ab, wenn

$$|q| < \epsilon \quad \text{ist.}$$

Beachte: a_0 ist der Koeffizient von λ^n!

Programm 3.9 Einfache Nullstellen von Polynomen

```
10 REM
20 REM EINFACHE NULLSTEL
LEN VON POLYNOMEN
30 REM
40 DIM A(20),B(20)
50 READ N,M,EPS,R
60 FOR I=0 TO N
70 READ A(I)
80 NEXTI
90 B(0)=A(0)
100 FOR II=1 TO R
110 READ X
120 LPRINT"STARTWERT";II
;": ";X
130 FOR I=1 TO M
140 FOR K=1 TO N
150 B(K)=B(K-1)*X+A(K)
160 NEXT K
170 FOR K=1 TO N-1
180 B(K)=B(K-1)*X+B(K)
190 NEXT K
200 IF B(N-1)=0 GOTO 420
210 Q=B(N)/B(N-1)
220 IF ABS(Q)<EPS GOTO 4
00
230 X=X-Q
240 FOR K=1 TO N-1
250 B(K)=0
260 NEXT K
270 NEXT I
280 REM
290 REM AUSGABE
300 REM
310 LPRINT "NACH";M;"ITE
RATIONEN:"
320 LPRINT "X";II;" = ";
X
330 FOR K=1 TO N
340 B(K)=B(K-1)*X+A(K)
350 NEXT K
360 LPRINT "POL( X";II;"
)= ";B(N)
370 LPRINT
380 NEXT II
390 END
400 LPRINT "TOLERANZ UNT
ERSCHRITTEN"
410 GOTO 320
420 LPRINT "POL'(X";II;"
) = 0 IN SCHRITT";I
430 GOTO 370
900 DATA
```

Speicherplatz für das Programm: 676 Bytes

Eingabedaten

n : Grad des Polynoms pol (λ)
N : Maximalzahl von Iterationen je Nullstelle
ϵ : Toleranz
R : Anzahl der Startwerte

$$\left.\begin{array}{c} a_0 \\ \vdots \\ a_n \end{array}\right\} \text{Koeffizienten von pol } (\lambda)$$

$$\left.\begin{array}{c} \lambda_{01} \\ \vdots \\ \lambda_{0R} \end{array}\right\} \text{Startwerte}$$

Beispiel

Gesucht sind die Nullstellen s_1, s_2, s_3 von

$$\text{pol} (\lambda) = -\lambda^3 + 3\lambda^2 + 4\lambda - 2$$

und den Startwerten $\lambda_{01} = -1$, $\lambda_{02} = 1$, $\lambda_{03} = 5$ und $\epsilon = 10^{-10}$

Eingabezeile

```
900 DATA 3,10,1E-10,3,-1
,3,4,-2,-1,1,5
```

Druckausgabe

```
STARTWERT 1 : -1
NACH 10 ITERATIONEN:
X 1  = -1.2924
POL( X 1 )=  2.38419E-07


STARTWERT 2 :  1
TOLERANZ UNTERSCHRITTEN
X 2  = .397295
POL( X 2 )=  0


STARTWERT 3 :  5
NACH 10 ITERATIONEN:
X 3  = 3.89511
POL( X 3 )= -3.57628E-07
```

3.10 Das Verfahren von Bairstow

Hat das reelle Polynom

$$\mathrm{pol}\,(\lambda) = a_0 \lambda^n + a_1 \lambda^{n-1} + \ldots + a_n$$

die komplexe Nullstelle μ, so ist auch die zu μ konjugiert komplexe Zahl $\bar{\mu}$ Nullstelle von pol (λ) und $(\lambda - \mu)(\lambda - \bar{\mu})$ ist ein reelles quadratisches Polynom $\lambda^2 - u\lambda - v$, das sich nach dem Euklidischen Algorithmus von pol (λ) abspalten läßt. Sind u_0 und v_0 Näherungen für u und v in $\lambda^2 - u\lambda - v$, so liefert das Programm verbesserte Näherungen $u_1 = u_0 + \Delta u$ und $v_1 = v_0 + \Delta v$.

Das Programm bricht ab, wenn die Maximalzahl M von Iterationen durchgeführt wurden, oder wenn

$$\max(|\Delta u|, |\Delta v|) < \epsilon$$

ist.

Beachte: a_0 ist der Koeffizient von λ^n!

Programm 3.10 Das Verfahren von Bairstow

```
10 REM
20 REM  VERFAHREN VON BAI
RSTOW
30 REM
40 DIM A(20),B(20),C(20)
50 READ N,M,EPS,U,V
60 IF N<3 THEN LPRINT"N>
=3 !":END
70 FOR I=0 TO N
80 READ A(I+2)
90 NEXTI
100 FOR I=1 TO M
110 B(2)=A(2)
120 FOR K=3 TO N+2
130 B(K)=B(K-2)*V+B(K-1)
*U+A(K)
```

```
140 C(K-1)=C(K-3)*U+C(K-
2)*U+B(K-1)
150 NEXT K
160 REM
170 REM CRAMER
180 REM
190 DET=C(N+1)*C(N-1)-C(
N)^2
200 IF DET=0 THEN LPRINT
"DETERMINANTE = 0":GOTO
370
210 DETU=-B(N+2)*C(N-1)+
B(N+1)*C(N)
220 DETV=-C(N+1)*B(N+1)+
C(N)*B(N+2)
230 MAX=ABS(DETU/DET)
240 IF ABS(DETV/DET)>MAX
THEN MAX=ABS(DETV/DET)
250 IF MAX<EPS GOTO 410
260 U=U+DETU/DET
270 V=V+DETV/DET
280 FOR K=0 TO N+2
290 B(K)=0
300 C(K)=0
310 NEXT K
320 NEXT I
330 REM
340 REM AUSGABE
350 REM
360 LPRINT "NACH";M;"ITE
RATIONEN:"
370 LPRINT
380 LPRINT"U1 =";U
390 LPRINT"V1 =";V
400 END
410 LPRINT "TOLERANZ UNT
ERSCHRITTEN:"
420 GOTO 370
900 DATA
```

Speicherplatz für das Programm: 747 Bytes

Eingabedaten

n $\quad$: Grad von pol (λ)

M $\quad$: Maximalzahl von Iterationen

ϵ $\quad$: Toleranz

$\left.\begin{array}{l} u_0 \\ v_0 \end{array}\right\}$ Startwerte

$\left.\begin{array}{l} a_0 \\ \ \vdots \\ \ \vdots \\ a_n \end{array}\right\}$ Koeffizienten von pol (λ)

Beispiel

Die Näherung des quadratischen Faktors

$$\lambda^2 - u_0\lambda - v_0 = \lambda^2 - 1.8\lambda - (-2.3)$$

von

$$pol(\lambda) = \lambda^4 - \lambda^3 - 6\lambda^2 + 14\lambda - 12$$

soll verbessert werden. Dabei sei M = 5 und $\epsilon = 10^{-5}$.

Eingabezeile

```
900 DATA 4,5,1E-5,1.8,-2
.3,1,-1,-6,14,-12
```

Druckausgabe

```
TOLERANZ UNTERSCHRITTEN:

U1 = 2
V1 =-2
```

Das ist die exakte Lösung!

3.11 Das Bernoulli-Verfahren

Ist $pol(\lambda) = \lambda^n + a_1\lambda^{n-1} + \ldots + a_n$ ein normiertes Polynom ($a_0 = 1$) vom Grad n, so ist $pol(\lambda)$ das charakteristische Polynom der Matrix

$$\begin{bmatrix} 0 & 1 & & & & \\ & & & & & 0 \\ & \cdot & & \cdot & & \\ & & \cdot & & \cdot & \\ 0 & & & \cdot & & \\ & & & 0 & & 1 \\ -a_n & \cdot & \cdot & \cdot & -a_2 & -a_1 \end{bmatrix} \qquad \text{und es gilt}$$

$$\begin{bmatrix} 0 & 1 & & & & \\ & & & & & 0 \\ & \cdot & & \cdot & & \\ & & \cdot & & \cdot & \\ 0 & & & \cdot & & \\ & & & 0 & & 1 \\ -a_n & \cdot & \cdot & \cdot & -a_2 & -a_1 \end{bmatrix} \begin{bmatrix} y_k \\ \cdot \\ \cdot \\ \cdot \\ y_{k+n-2} \\ y_{k+n-1} \end{bmatrix} = \begin{bmatrix} y_{k+1} \\ \cdot \\ \cdot \\ \cdot \\ y_{k+n-1} \\ y_{k+n} \end{bmatrix} \qquad \text{mit}$$

$$y_{k+n} = -\sum_{i=1}^{n} a_{n+1-i} \cdot y_{k+i-1}; \quad k = 0, 1, \ldots$$

Wählt man einen geeigneten Startvektor $[y_0, \ldots, y_{n-1}]^T$, etwa $[0, \ldots, 0, 1]^T$, und besitzt $pol(\lambda)$ eine betragsgrößte Nullstelle λ_1, so konvergiert die Folge der Quotienten y_{k+1}/y_k gegen λ_1. Das Programm benutzt den oben angegebenen Startvektor und bricht nach der vorzugebenden Anzahl N von Iterationsschritten ab. Es bearbeitet auch Polynome mit $a_0 \neq 1$ und eignet sich zur Bestimmung eines Startwertes für das Programm 3.9 „Einfache Nullstellen von Polynomen".

Beachte: a_0 ist der Koeffizient von λ^n!

Programm 3.11 Das Bernoulli-Verfahren

```
10 REM                          170 Y(I)=Y(I+1)
20 REM BERNOULLI-VERFAHR        180 NEXT I
EN                              190 Y(N)=X
30 REM                          200 X=0
40 DIM A(20),Y(20)              210 NEXT K
50 READ N,M                     220 LA=Y(N)/Y(N-1)
60 FOR I=0 TO N                 230 FOR I=1 TO N
70 READ A(I)                    240 A(I)=A(I-1)*LA+A(I)
80 NEXT I                       250 NEXT I
90 IF A(0)=0 THEN PRINT         260 REM
" GRAD <";N:END                 270 REM AUSGABE
100 Y(N)=1                      280 REM
110 FOR K=1 TO M                290 LPRINT"    LA  = ";L
120 FOR I=1 TO N                A
130 X=X+A(I)*Y(N+1-I)           300 LPRINT"POL(LA) = ";A
140 NEXT I                      (N)
150 X=-X/A(0)                   310 END
160 FOR I=1 TO N-1              900 DATA
```

Speicherplatz für das Programm: 427 Bytes

Eingabedaten

n : Grad von $\text{pol}(\lambda)$
N : Anzahl der Iterationen

$$\left.\begin{array}{c} a_0 \\ \vdots \\ a_n \end{array}\right\} \text{Koeffizienten von } \text{pol}(\lambda)$$

Beispiel

Gesucht ist in $N = 10$ Schritten die betragsgrößte Wurzel λ_1 von

$$\text{pol}(\lambda) = -\lambda^3 + 3\lambda^2 + 4\lambda - 2$$

Eingabezeile

```
900 DATA 3,10,-1,3,4,-2
```

Druckausgabe

```
    LA  =  3.89516
POL(LA) = -1.04797E-03
```

3.12 Das inverse Bernoulli-Verfahren

Ist $\lambda_n \neq 0$ betragsmäßig kleinste Nullstelle von

$$\text{pol}(\lambda) = a_0 \lambda^n + a_1 \lambda^{n-1} + \ldots + a_n \, ,$$

so ist $\mu_n = 1/\lambda_n$ die betragsmäßig größte Nullstelle von

$$\text{rez}(\mu) = \mu^n \, \text{pol}\left(\tfrac{1}{\mu}\right) = a_0 + a_1 \mu + \ldots + a_n \mu^n \, .$$

Wendet man die in 3.11 „Das Bernoulli-Verfahren'' geschilderte Methode auf $\text{rez}(\mu)$ an, so konvergiert die Folge der Quotienten y_k / y_{k+1} gegen λ_n. Die Anzahl N der vom Programm durchzuführenden Iterationen ist vorzugeben.

Beachte: a_0 ist der Koeffizient von λ^n!

Programm 3.12   Das inverse Bernoulli-Verfahren

```
10 REM                          100 Y(N)=1
20 REM DAS INVERSE BERNO        110 FOR K=1 TO M
ULLI-VERFAHREN                  120 FOR I=0 TO N-1
30 REM                          130 X=X+A(I)*Y(I+1)
40 DIM A(20),Y(20)              140 NEXT I
50 READ N,M                     150 X=-X/A(N)
60 FOR I=0 TO N                 160 FOR I=1 TO N-1
70 READ A(I)                    170 Y(I)=Y(I+1)
80 NEXT I                       180 NEXT I
90 IF A(N)=0 THEN PRINT         190 Y(N)=X
" A(";N;") = 0":END             200 X=0
```

```
210 NEXT K                        280 REM
220 LA=Y(N-1)/Y(N)                290 LPRINT"     LA  = ";L
230 FOR I=1 TO N                  A
240 A(I)=A(I-1)*LA+A(I)           300 LPRINT"POL(LA) = ";A
250 NEXT I                        (N)
260 REM                           310 END
270 REM AUSGABE                   900 DATA
```

Speicherplatz für das Programm: 443 Bytes

Eingabedaten

n   : Grad von pol (λ)

N   : Anzahl der Iterationen

$\left.\begin{array}{l} a_0 \\ \quad \vdots \\ a_n \end{array}\right\}$ Koeffizienten von pol (λ)

Beispiel

Gesucht ist in N = 10 Schritten die betragskleinste Wurzel von

$$\text{pol}\,(\lambda) = -\lambda^3 + 3\lambda^2 + 4\lambda - 2$$

Eingabezeile

```
900 DATA 3,10,-1,3,4,-2
```


Druckausgabe

```
    LA  =  .397292
POL(LA) = -1.54972E-05
```


3.13 Der QD-Algorithmus für tridiagonale Matrizen

Ist A eine tridiagonale Matrix, deren obere Nebendiagonale aus Einsen besteht

$$A = \begin{bmatrix} q_1 & 1 & & & & 0 \\ e_1 q_1 & e_1+q_2 & 1 & & & \\ & & \ddots & \ddots & \ddots & \\ & & & \ddots & \ddots & 1 \\ 0 & & & e_{n-1}q_{n-1} & & e_{n-1}+q_n \end{bmatrix}$$

und existiert die LR-Zerlegung von A, so ist

$$
LR = \begin{bmatrix} 1 & & & & 0 \\ e_1 & \cdot & & & \\ & \cdot & \cdot & & \\ 0 & & \cdot & \cdot & \\ & & & e_{n-1} & 1 \end{bmatrix} \begin{bmatrix} q_1 & 1 & & & 0 \\ & \cdot & \cdot & & \\ & & \cdot & \cdot & 1 \\ 0 & & & \cdot & q_n \end{bmatrix}
$$

Berechnet man nach den Regeln

$$
e_{k-1}^{(i+1)} + q_k^{(i+1)} = e_k^{(i)} + q_k^{(i)}
$$

und

$$
e_k^{(i+1)} q_k^{(i+1)} = e_k^{(i)} q_{k+1}^{(i)}
$$

die Folgen $(q_k^{(i)})_{i=1}^{\infty}$ und $(e_k^{(i)})_{i=1}^{\infty}$, so konvergieren die e_k gegen Null und die q_k gegen die Eigenwerte von A, falls die Eigenwerte von A paarweise von verschiedenem Betrag sind. Das Programm führt zunächst eine LR-Zerlegung von A und anschließend eine vorzugebende Anzahl N von QD-Schritten durch. Dann erfolgt die Ausgabe der $e_1^{(N)}, \dots, e_{n-1}^{(N)}; q_1^{(N)}, \dots, q_n^{(N)}$.

Programm 3.13 Der QD-Algorithmus für tridiagonale Matrizen

```
10 REM
20 REM QD-ALGORITHMUS FU
ER MATRIZEN
30 REM
40 DIM A(20),B(20),E(20)
,Q(20)
50 READ N,M
60 FOR I=1 TO N
70 READ A(I)
80 NEXT I
90 FOR I=1 TO N-1
100 READ B(I)
110 NEXT I
120 REM
130 REM LR-ZERLEGUNG
140 REM
150 Q(1)=A(1)
160 E(1)=B(1)
170 FOR I=2 TO N-1
180 Q(I)=A(I)-E(I-1)
190 IF Q(I)=0 THEN PRINT
"KEINE LR-ZERLEGUNG":END
200 E(I)=B(I)/Q(I)
210 NEXT I
220 Q(N)=A(N)-E(N-1)
230 REM
240 REM QD-ITERATION
250 REM
260 FOR I=1 TO M
270 FOR K=1 TO N-1
280 Q(K)=Q(K)+E(K)-E(K-1
)
290 IF Q(K)=0 GOTO 470
300 E(K)=E(K)*Q(K+1)/Q(K
)
310 NEXT K
320 Q(N)=Q(N)-E(N-1)
330 NEXT I
340 REM
350 REM AUSGABE
360 REM
370 LPRINT "NACH";M;"ITE
RATIONEN:"
380 LPRINT
390 FOR I=1 TO N-1
400 LPRINT"E(";I;") = ";
E(I)
410 NEXT I
420 LPRINT
430 FOR I=1 TO N
440 LPRINT"Q(";I;") = ";
Q(I)
450 NEXT I
460 END
470 LPRINT "Q(";K;") = 0
 IN SCHRITT";I
480 GOTO 430
900 DATA
```

Speicherplatz für das Programm: 727 Bytes

Eingabedaten

n : Zeilenzahl der Matrix A = Spaltenzahl der Matrix A
N : Anzahl der QD-Schritte

$$\left. \begin{array}{c} a_{1,1} \\ \vdots \\ a_{n,n} \end{array} \right\} \text{Hauptdiagonalelemente von A}$$

$$\left. \begin{array}{c} a_{2,1} \\ \vdots \\ a_{n,n-1} \end{array} \right\} \text{Elemente der unteren Nebendiagonalen von A}$$

Beispiel

Gesucht sind die Eigenwerte der Matrix

$$A = \begin{bmatrix} 1 & 1 & 0 \\ 1 & 2 & 1 \\ 0 & 2 & 3 \end{bmatrix}.$$

Es sollen 20 QD-Schritte durchgeführt werden.

Eingabezeile

```
900 DATA 3,20,1,2,3,1,2
```

Druckausgabe

```
NACH 20 ITERATIONEN:

E( 1 ) =   5.66618E-07
E( 2 ) =   5.28044E-22
Q( 1 ) =   4.11491
Q( 2 ) =   1.7459
Q( 3 ) =   .139194
```

3.14 Der QD-Algorithmus für Polynome

Beginnt man zu einem gegebenen Polynom

$$\text{pol}(\lambda) = a_0 \lambda^n + a_1 \lambda^{n-1} + \ldots + a_n; \quad a_j \neq 0$$

das QD-Schema mit der horizontalen Doppelzeile

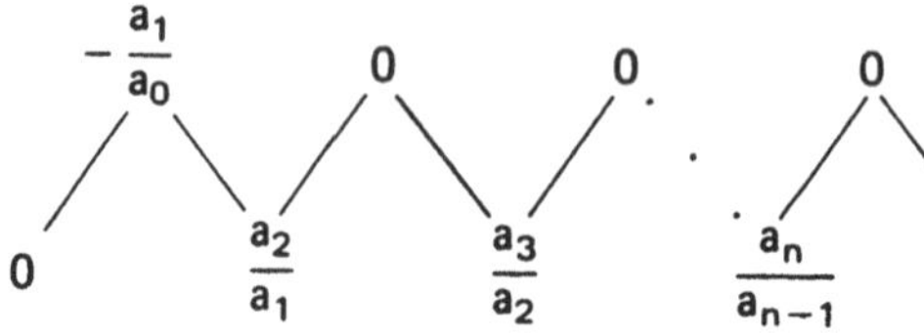

und bestimmt beginnend in der rechten oberen Ecke die Schrägzeilen nach den Rhomben-regeln (siehe 3.13 „Der QD-Algorithmus für tridiagonale Matrizen"), so hat die zu einer voll-ständigen Schrägzeile gehörige Tridiagonalmatrix das gegebene Polynom zum charakteristi-schen Polynom. Das Programm führt nach Bestimmung der ersten vollständigen Schrägzeile eine vorzugebende Anzahl N von QD-Schritten durch; dann erfolgt die Ausgabe von $e_1^{(N)}, \ldots, e_{n-1}^{(N)}; q_1^{(N)}, \ldots, q_n^{(N)}$. Sind die Nullstellen von $pol(\lambda)$ paarweise von verschiedenem Betrag, so konvergieren die e_k gegen Null und die q_k gegen die Nullstellen von $pol(\lambda)$.

Programm 3.14 Der QD-Algorithmus für Polynome

```
10 REM
20 REM QD-ALGORITHMUS FU
ER POLYNOME
30 REM
40 DIM A(20),E(20),Q(20)
50 READ N,M
60 FOR I=0 TO N
70 READ A(I)
80 IF A(I)=0 THEN PRINT"
QD NICHT MOEGLICH":END
90 NEXT I
100 REM
110 REM QD-START
120 REM
130 Q(1)=-A(1)/A(0)
140 E(N-1)=A(N)/A(N-1)
150 Q(N)=-E(N-1)
160 FOR I=N-1 TO 2 STEP
-1
170 E(I-1)=A(I)/A(I-1)
180 FOR K=I TO N-1
190 Q(K)=Q(K)+E(K)-E(K-1
)
200 IF Q(K)=0 THEN PRINT
 "QD-START NICHT MOEGLIC
H":END
210 E(K)=E(K)*Q(K+1)/Q(K
)
220 NEXT K
230 Q(N)=Q(N)-E(N-1)
240 NEXT I
250 REM

260 REM QD-ITERATION
270 REM
280 FOR I=1 TO M
290 FOR K=1 TO N-1
300 Q(K)=Q(K)+E(K)-E(K-1
)
310 IF Q(K)=0 GOTO 490
320 E(K)=E(K)*Q(K+1)/Q(K
)
330 NEXT K
340 Q(N)=Q(N)-E(N-1)
350 NEXT I
360 REM
370 REM AUSGABE
380 REM
390 LPRINT "NACH";M;"ITE
RATIONEN:"
400 LPRINT
410 FOR I=1 TO N-1
420 LPRINT"E(";I;") = ";
E(I)
430 NEXT I
440 LPRINT
450 FOR I=1 TO N
460 LPRINT"Q(";I;") = ";
Q(I)
470 NEXT I
480 END
490 LPRINT "Q(";K;") = 0
 IN SCHRITT";I
500 GOTO 450
900 DATA
```

Speicherplatz für das Programm: 822 Bytes

Eingabedaten

n : Grad des Polynoms pol (λ)
N : Anzahl der QD-Schritte

$$\left.\begin{array}{l} a_0 \\ \vdots \\ a_n \end{array}\right\} \text{Koeffizient von pol } (\lambda)$$

Beispiel

Es sollen mit N = 5 QD-Schritten Näherungen für die Nullstellen von

$$\text{pol } (\lambda) = -\lambda^3 + 3\lambda^2 + 4\lambda - 2$$

bestimmt werden.

Eingabezeile

```
900 DATA 3,5,-1,3,4,-2
```

Druckausgabe

```
NACH 5 ITERATIONEN:

E( 1 ) = -6.33688E-03
E( 2 ) = -3.86498E-04

Q( 1 ) =  3.89987
Q( 2 ) = -1.29053
Q( 3 ) =  .397386
```

4 Interpolation und diskrete Approximation

4.1 Lagrange-Interpolation

Zu gegebenen Stützstellen $x_0, \ldots, x_n$ bilden die Lagrange-Polynome

$$l_i(x) = \frac{(x - x_0) \ldots (x - x_{i-1})(x - x_{i+1}) \ldots (x - x_n)}{(x_i - x_0) \ldots (x_i - x_{i-1})(x_i - x_{i+1}) \ldots (x_i - x_n)}$$

eine Basis im Vektorraum der Polynome bis zum Grad n. Es ist

$$l_i(x_k) = \delta_{ik} = \begin{cases} 1 \\ 0 \end{cases} \text{für} \quad \begin{matrix} i = k \\ i \neq k \end{matrix}$$

Sind zu den Stützstellen $x_0, \ldots, x_n$ Stützwerte $f_0, \ldots, f_n$ gegeben, dann hat das Interpolationspolynom durch die Knoten (x_i, f_i) die Form

$$(*) \quad \text{pol}(x) = f_0 \cdot l_0(x) + \ldots + f_n \cdot l_n(x) , \quad \text{denn es ist}$$

$$\text{pol}(x_k) = \sum_{i=0}^{n} f_i \cdot l_i(x_k) = \sum_{i=0}^{n} f_i \cdot \delta_{ik} = f_k .$$

Das Programm liefert den Wert des Interpolationspolynoms an M Stellen x durch Auswerten der Formel $(*)$.

Programm 4.1 Lagrange-Interpolation

```
10 REM
20 REM LAGRANGE-INTERPOL
ATION
30 REM
40 DIM F(20),X(20),Q(20)
50 READ N,M
60 FOR I=0 TO N
70 READ X(I)
80 NEXT I
90 FOR I=0 TO N
100 READ F(I)
110 NEXT I
120 FOR J=1 TO M
130 READ S
140 FOR I=0 TO N
150 IF S<>X(I) GOTO 180
160 F=F(I)
170 GOTO 360
180 NEXT I
190 FOR I=0 TO N
200 Q(I)=1
210 FOR K=0 TO N
220 IF K=I GOTO 240
230 Q(I)=Q(I)*(X(I)-X(K)
)
240 NEXT K
250 Q(I)=Q(I)*(S-X(I))
260 Q(I)=1/Q(I)
270 NEXT I
280 O=0
290 U=0
300 FOR I=0 TO N
310 O=O+F(I)*Q(I)
320 U=U+Q(I)
330 Q(I)=0
340 NEXT I
350 F=O/U
360 LPRINT
370 LPRINT"    X  = ";S
380 LPRINT"POL(X) = ";F
390 NEXT J
400 END
900 DATA
```

Speicherplatz für das Programm: 519 Bytes

Eingabedaten

n   : Grad des Interpolationspolynoms = Anzahl der Stützstellen − 1
M   : Anzahl der Argumente x

x_0
$\vdots$ } Stützstellen
x_n

f_0
$\vdots$ } Stützwerte
f_n

$x_{(1)}$
$\vdots$ } Argumente x
$x_{(m)}$

Beispiel

Das durch die Tabelle

x_i	0	1	2
f_i	8	5	4

gegebene Interpolationspolynom soll an den Stellen $x_{(1)} = 3$ und $x_{(2)} = -1$ ausgewertet werden.

Eingabezeile

```
900 DATA 2,2,0,1,2,8,5,4
,3,-1
```

Druckausgabe

```
     X   =   3
POL(X)   =   5

     X   =  -1
POL(X)   =   13
```

4.2 Das Schema von Neville

Nach dem Lemma von Aitken ergibt sich das Interpolationspolynom $p_{0,\ldots,n}(x)$ durch die Knoten (x_i, f_i), $i = 0, \ldots, n$, durch fortgesetzte lineare Interpolation nach der Rekursion

$$p_{i,\ldots,k}(x) = \frac{(x_k - x)\, p_{i,\ldots,k-1}(x) - (x_i - x)\, p_{i+1,\ldots,k}(x)}{x_k - x_i}.$$

Dabei ist $p_i = f_i$. Das Programm bestimmt den Wert des Interpolationspolynoms an M Stellen x nach dem Schema von Neville.

Programm 4.2 Das Schema von Neville

```
10 REM                              160 NEXT K
20 REM SCHEMA VON NEVILL            170 FOR J=1 TO N
E                                   180 FOR K=N TO J STEP -1
30 REM                              190 P(K)=(X(K)-S)*P(K-1)
40 DIM F(20),X(20),P(20)            -(X(K-J)-S)*P(K)
50 READ N,M                         200 P(K)=P(K)/(X(K)-X(K-
60 FOR I=0 TO N                     J))
70 READ X(I)                        210 NEXT K
80 NEXT I                           220 NEXT J
90 FOR I=0 TO N                     230 LPRINT
100 READ F(I)                       240 LPRINT"    X   = ";S
110 NEXT I                          250 LPRINT"POL(X) = ";P(
120 FOR I=1 TO M                    N)
130 READ S                          260 NEXT I
140 FOR K=0 TO N                    270 END
150 P(K)=F(K)                       900 DATA
```

Speicherplatz für das Programm: 380 Bytes

Eingabedaten

n   : Grad des Interpolationspolynoms = Anzahl der Stützstellen -1
M   : Anzahl der Argumente x

$$\left.\begin{matrix} x_0 \\ \vdots \\ x_n \end{matrix}\right\} \text{Stützstellen}$$

$$\left.\begin{matrix} f_0 \\ \vdots \\ f_n \end{matrix}\right\} \text{Stützwerte}$$

$$\left.\begin{matrix} x_{(1)} \\ \vdots \\ x_{(m)} \end{matrix}\right\} \text{Argumente x}$$

Beispiel

Das durch die Tabelle $\dfrac{\begin{array}{c|ccc} x_i & 0 & 1 & 2 \\ \hline f_i & 8 & 5 & 4 \end{array}}{}$ gegebene Interpolationspolynom soll an den Stellen $x_{(1)} = 3$ und $x_{(2)} = -1$ ausgewertet werden.

Eingabezeile

```
900 DATA 2,2,0,1,2,8,5,4
,3,-1
```

Druckausgabe

```
     X   =   3
POL(X) =   5

     X   =  -1
POL(X) =   13
```

4.3 Entwickeln nach Tschebyscheff-Polynomen

Die Tschebyscheff-Polynome $T_n(x)$ bestimmen sich rekursiv aus den Formeln

$$T_0(x) = 1; \quad T_1(x) = x$$
$$T_{n+1}(x) = 2x \cdot T_n(x) - T_{n-1}(x).$$

Da von allen normierten Polynomen vom Grad $n \geq 1$ das Polynom $2^{1-n} T_n(x)$ in $[-1, 1]$ die kleinste Tschebyscheff-Norm besitzt, ist es nützlich, ein gegebenes Polynom

$$pol(x) = c_0 + c_1 x + \ldots + c_n x^n$$

in Tschebyscheff-Polynomen zu entwickeln, also zu schreiben

$$pol(x) = a_0 T_0(x) + a_1 T_1(x) + \ldots + a_n T_n(x).$$

Will man $pol(x)$ nämlich durch ein Polynom vom Grad $n-1$ annähern, so läßt man das letzte Glied der Tschebyscheff-Entwicklung fort; der maximale Fehler ist dann wegen $\|T_n\|_\infty = 1$ auf $[-1, 1]$ gerade $|a_n|$. Das ist die nach der Tschebyscheff-Norm bestmögliche Approximation eines Polynoms vom Grad n durch ein Polynom vom Grad $n-1$.

Programm 4.3 Entwickeln nach Tschebyscheff-Polynomen

```
10 REM                          120 REM
20 REM TSCHEBYSCHEFF-ENT        130 T(0,0)=1
WICKLUNG                        140 T(1,1)=1
30 REM                          150 FOR I=2 TO N
40 DIM A(20),C(20),T(20,        160 FOR K=I TO 0 STEP -2
20)                             170 IF K=0 GOTO 200
50 READ N                       180 T(I,K)=2*T(I-1,K-1)-
60 IF N>20 THEN PRINT "D        T(I-2,K)
IM-ANWEISUNG IN ZEILE 60        190 GOTO 210
 AENDERN !":END                 200 T(I,K)=-T(I-2,K)
70 FOR I=0 TO N                 210 NEXT K
80 READ C(I)                    220 NEXT I
90 NEXT I                       230 REM
100 REM                         240 REM T-ENTWICKLUNG
110 REM BERECHNUNG DER T        250 REM
-KOEFFIZIENTEN                  260 FOR K=N TO 1 STEP -1
```

```
270 A(K)=C(K)/(2^(K-1))        360 LPRINT"DIE T-KOEFF.
280 FOR J=K TO 0 STEP -2        SIND:"
290 C(J)=C(J)-A(K)*T(K,J        370 LPRINT
)                               380 FOR I=0 TO N
300 NEXT J                      390 LPRINT"A (";I;") = "
310 NEXT K                      ;A(I)
320 A(0)=C(0)                   400 NEXT I
330 REM                         410 END
340 REM AUSGABE                 900 DATA
350 REM
```

Speicherplatz für das Programm: 640 Bytes

Eingabedaten

n   : Grad des Polynoms pol (x)

c_0

$\vdots$ $\Big\}$ Koeffizienten von pol (x) in der Monomdarstellung

c_n

Beispiel

Das Polynom pol (x) $= 2 - 9x + 4x^2 + 16x^3 + 8x^4$ soll nach Tschebyscheff-Polynomen entwickelt werden.

Eingabezeile

```
900 DATA 4,2,-9,4,16,8
```

Druckausgabe

```
DIE T-KOEFF. SIND:

A ( 0 ) =  7
A ( 1 ) =  3
A ( 2 ) =  6
A ( 3 ) =  4
A ( 4 ) =  1
```

Die gesuchte Tschebyscheff-Entwicklung lautet also

$$\text{pol}(x) = 7 \cdot T_0(x) + 3 \cdot T_1(x) + 6 \cdot T_2(x) + 4 \cdot T_3(x) + T_4(x).$$

4.4 Ökonomisieren eines Polynoms

Die Tschebyscheff-Entwicklung eines Polynoms ist besonders nützlich, um seinen Grad zu ökonomisieren. Wegen $\|T_n\|_\infty = 1$ in $[-1, 1]$ ist der maximale Fehler, der durch Fortlassen des letzten Gliedes entsteht, höchstens $|a_n|$.

Will man das Polynom

$$\text{pol}(x) = c_0 + c_1 x + \ldots + c_n x^n$$

durch ein Polynom möglichst niedrigen Grades approximieren und dabei höchstens den Fehler $\epsilon > 0$ begehen, so streicht man in der Tschebyscheff-Entwicklung

$$\text{pol}(x) = a_0 T_0(x) + \ldots + a_n T_n(x)$$

solange das jeweils letzte Glied, bis

$$\sum_{i=k}^{n} |a_i| > \epsilon$$

ist.

Das Approximationspolynom ist dann

$$\text{app}(x) = \text{pol}(x) - \sum_{i=k+1}^{n} a_i T_i(x) = \sum_{i=1}^{k} b_i x^i$$

mit dem Grad k. Das Programm liefert die Koeffizienten b_i von app(x) in der gewöhnlichen Basis 1, x, ..., x^k.

Programm 4.4 Ökonomisieren eines Polynoms

```
10 REM                          250 REM
20 REM OEKONOMISIEREN           260 S=0
30 REM                          270 FOR K=N TO 1 STEP -1
40 DIM A(20),C(20),B(20)        280 A(K)=C(K)/(2^(K-1))
,T(20,20)                       290 S=S+ABS(A(K))
50 READ N,EPS                   300 IF S>EPS GOTO 360
60 IF N>20 THEN PRINT "D        310 FOR J=K TO 0 STEP -2
IM-ANWEISUNG IN ZEILE 40        320 C(J)=C(J)-A(K)*T(K,J
 AENDERN !":END                 )
70 FOR I=0 TO N                 330 NEXT J
80 READ C(I)                    340 NEXT K
90 NEXT I                       350 A(0)=C(0)
100 REM                         360 REM
110 REM BERECHNUNG DER T        370 REM AUSGABE
-KOEFFIZIENTEN                  380 REM
120 REM                         390 LPRINT"DER GRAD DES
130 T(0,0)=1                     OEKONOMI-"
140 T(1,1)=1                    400 LPRINT"SIERTEN POLYN
150 FOR I=2 TO N                 OMS IST";K
160 FOR K=I TO 0 STEP -2        410 LPRINT"DIE KOEFF. LA
170 IF K=0 GOTO 200              UTEN:"
180 T(I,K)=2*T(I-1,K-1)-        420 LPRINT
T(I-2,K)                        430 FOR I=0 TO K
190 GOTO 210                    440 LPRINT"B (";I;") = "
200 T(I,K)=-T(I-2,K)             ;C(I)
210 NEXT K                      450 NEXT I
220 NEXT I                      460 END
230 REM                         900 DATA
240 REM T-ENTWICKLUNG
```

Speicherplatz für das Programm: 743 Bytes

Eingabedaten

n　: Grad von pol (x)

　　: Toleranz

c_0

$\vdots$　$\Big\}$ Koeffizienten von pol (x) in der Monomdarstellung

c_n

Beispiel

Das Polynom pol (x) = 1.571 x − 0.646 x^3 + 0.08 x^5 soll durch ein Polynom app (x) niedrigeren Grades approximiert werden, so daß

$$\|\text{pol}(x) - \text{app}(x)\|_\infty < 0.01$$

ist.

Eingabezeile

```
900 DATA 5,.01,0,1.571,0
,-.646,0,.08
```


Druckausgabe

```
DER GRAD DES OEKONOMI-
SIERTEN POLYNOMS IST 3
DIE KOEFF. LAUTEN:

B ( 0 ) =  0
B ( 1 ) =  1.546
B ( 2 ) =  0
B ( 3 ) = -.546
```

Also ist app (x) = 1.546 x − 0.546 x^3.

4.5 Methode der kleinsten Quadrate

Bei der diskreten Approximation der Funktion f durch ein Polynom vom Grad n im Intervall [−1, 1] wird die Genauigkeit möglicherweise erhöht, wenn man die Anzahl der stützenden Punkte (x_i, f_i) auf m + 1 mit m > n erhöht. Wählt man die Tschebyscheff-Polynome $T_0(x), \ldots, T_n(x)$ als Approximationsfunktionen und sind die Stützstellen $x_0, \ldots, x_m$ die Nullstellen des Tschebyscheff-Polynoms $T_{m+1}(x)$, so ergibt sich wegen

der Orthogonalität der Tschebyscheff-Polynome das folgende besonders einfache
Gleichungssystem für die Koeffizienten a_i der Approximation
$\text{pol}(x) = a_0 T_0(x) + \ldots + a_n T_n(x)$:

$$
\begin{bmatrix}
m+1 & & & \\
& \dfrac{m+1}{2} & & 0 \\
& & \ddots & \\
0 & & & \dfrac{m+1}{2}
\end{bmatrix}
\begin{bmatrix}
a_0 \\ \cdot \\ \cdot \\ \cdot \\ a_n
\end{bmatrix}
=
\begin{bmatrix}
T_0(x_0) \ldots T_0(x_m) \\
\cdot \qquad\quad \cdot \\
\cdot \qquad\quad \cdot \\
\cdot \qquad\quad \cdot \\
T_n(x_0) \ldots T_n(x_m)
\end{bmatrix}
\begin{bmatrix}
f(x_0) \\ \cdot \\ \cdot \\ \cdot \\ f(x_m)
\end{bmatrix}
$$

Das Programm wertet das berechnete Polynom $\text{pol}(x)$ an R Stellen x nach dem Algorithmus
von Clenshaw aus.

Programm 4.5 Methode der kleinsten Quadrate

```
10 REM                              280 REM
20 REM METHODE DER KLEIN            290 REM KOEFF.AUSGABE
STEN QUADRATE                       300 REM
30 REM                              310 LPRINT "DIE KOEFF. L
40 DIM A(20),B(21),F(20)            AUTEN"
,T(20,20)                           320 LPRINT
50 READ N,M,R                       330 FOR I=0 TO N
60 IF M<=N THEN PRINT" M            340 LPRINT "A (";I;" ) =
>N !":END                           ";A(I)
70 FOR I=0 TO M                     350 NEXT I
80 READ F(I)                        360 REM
90 NEXT I                           370 REM AUSWERTEN
100 PIH=2*ATN(1)                    380 REM
110 FOR K=0 TO M                    390 LPRINT
120 T(0,K)=1                        400 LPRINT"AUSWERTUNG:"
130 X=(2*(M-K)+1)/(M+1)             410 LPRINT
140 X=COS(X*PIH)                    420 FOR I=1 TO R
150 T(1,K)=X                        430 READ X
160 FOR I=2 TO N                    440 B(N)=A(N)
170 T(I,K)=2*X*T(I-1,K)-            450 FOR K=N-1 TO 0 STEP
T(I-2,K)                            -1
180 NEXT I                          460 B(K)=-B(K+2)+2*X*B(K
190 NEXT K                          +1)+A(K)
200 FOR I=0 TO N                    470 NEXT K
210 A(I)=0                          480 F=(B(0)-B(2)+A(0))/2
220 FOR K=0 TO M                    490 LPRINT"    X   = ";X
230 A(I)=A(I)+T(I,K)*F(K            500 LPRINT"POL(X) = ";F
)                                   510 LPRINT
240 NEXT K                          520 NEXT I
250 A(I)=A(I)*2/(M+1)               530 END
260 NEXT I                          900 DATA
270 A(0)=A(0)/2
```

Speicherplatz für das Programm: 789 Bytes

Bemerkungen

1. Ist $f(x)$ nicht auf $[-1, 1]$, sondern auf $[a, b]$ definiert, so ist $f(x)$ nach $f(t)$ mit

$$t = \frac{2x - a - b}{b - a}$$

   zu transformieren.

2. Die Nullstellen von $T_{m+1}(x)$ sind

$$x_j = \cos \frac{2(m - j) + 1}{m + 1} \frac{\pi}{2}; \quad j = 0, \ldots, m$$

Eingabedaten

n   : Grad von pol (x)
m   : Anzahl der Stützstellen -1
R   : Anzahl der Argumente

$\left.\begin{array}{c} f_0 \\ \vdots \\ f_m \end{array}\right\}$ Stützwerte

$\left.\begin{array}{c} x_1 \\ \vdots \\ x_R \end{array}\right\}$ Argumente

Beispiel

Die Funktion $\sin \frac{\pi}{2} x$ in $[-1, 1]$ soll durch ein Polynom vom Grad $n = 3$ approximiert werden. Zur Verfügung stehen die Funktionswerte an den Nullstellen von $T_5(x)$:

x_j	$-.951$	$-.588$	0	$.588$	$.951$
f_j	$-.997$	$-.798$	0	$.798$	$.997$

Das Approximationspolynom soll an den Stellen $-1, -.5, 0, .5, 1$ ausgewertet werden.

Eingabezeile

```
900 DATA 3,4,5,-.997,-.7
98,0,.798,.997,-1,-.5,0,
.5,1
```

Druckausgabe

```
DIE KOEFF. LAUTEN

A ( 0  ) =   0
A ( 1  ) =   1.1338
A ( 2  ) = -3.8147E-07
A ( 3  ) = -.138337

AUSWERTUNG:

      X  = -1
 POL(X) = -.995468

      X  = -.5
 POL(X) = -.705239

      X  =  0
 POL(X) =  3.8147E-07

      X  =  .5
 POL(X) =  .705239

      X  =  1
 POL(X) =  .995468
```

4.6 Bézier-Kurve

Die Bernstein-Polynome vom Grad n

$$B_r^n (\lambda) = \binom{n}{r} (1 - \lambda)^{n-r}\lambda^2 ; \quad r = 0, \ldots, n$$

bilden eine Basis für die Polynome bis zum Grad n im Intervall [0, 1]. Ein in Bernstein-Polynomen entwickeltes Polynom

$$\text{pol} (\lambda) = b_0 B_0^n (\lambda) + \ldots + b_n B_n^n (\lambda)$$

heißt Bézier-Polynom, die Koeffizienten b_i heißen Bézier-Punkte.

Zur Approximation einer Funktion f(x) im Intervall [0, m] ist es günstig, das Intervall durch die Trennstellen k = 1, 2, ..., m − 1 in Segmente aufzuteilen und f(x) in jedem Segment durch ein Bézier-Polynom vom Grad n anzunähern. Dazu wird im Segment [k, k + 1) der Parameter $\lambda = x - k$ eingeführt; die Bézier-Punkte dieses Segments bezeichnet man mit $b_{nk}, b_{nk+1}, \ldots, b_{nk+n}$.

Das Programm bestimmt den Wert der aus den Bézier-Polynomen zusammengesetzten Bézier-Kurven bez (x) an R Stellen x ∈ [0, m] als Wert des Bézier-Polynoms im Segment [k, k + 1] an der Stelle $\lambda = x - k$ nach dem Algorithmus von de Casteljau.

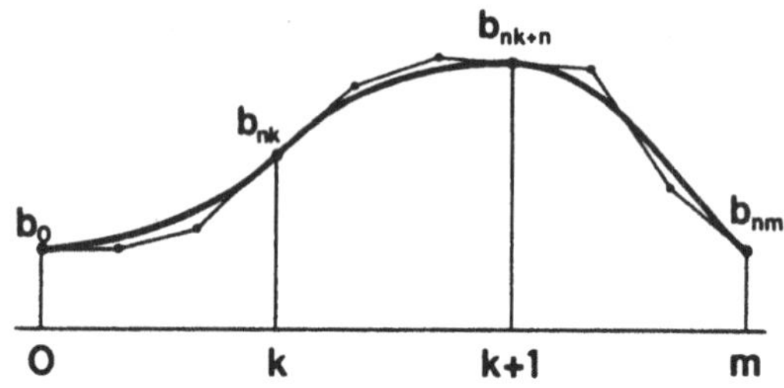

Programm 4.6 Bézier-Kurve

```
10 REM                              180 FOR J=0 TO N
20 REM BEZIER-KURVE                 190 A(J)=B(N*K+J)
30 REM                              200 NEXT J
40 DIM A(20),B(80)                  210 REM
50 READ N,M,R                       220 REM DE CASTELJAU
60 FOR I=0 TO N*M                   230 REM
70 READ B(I)                        240 FOR J=1 TO N
80 NEXT I                           250 FOR JJ=0 TO N-J
90 FOR I=1 TO R                     260 A(JJ)=A(JJ)*(1-L)+A(
100 READ X                          JJ+1)*L
110 K=INT(X)                        270 NEXT JJ
120 L=X-K                           280 NEXT J
130 IF L<>0 GOTO 180                290 LPRINT
140 LPRINT                          300 LPRINT "      X   = ";X
150 LPRINT"      X   = ";X          310 LPRINT "BEZ(X) = ";A
160 LPRINT"BEZ(X) = ";B(            (0)
K*N)                                320 NEXT I
170 GOTO 320                        330 END
                                    900 DATA
```

Speicherplatz für das Programm: 438 Bytes

Eingabedaten

n   : Grad der Béziersegmente
m   : Anzahl der Béziersegmente
R   : Anzahl der Argumente

$\left.\begin{array}{l} b_0 \\ \vdots \\ b_{nm} \end{array}\right\}$ Bézierpunkte

$\left.\begin{array}{l} x_1 \\ \vdots \\ x_R \end{array}\right\}$ Argumente

Beispiel

Die im Intervall [0, 2] durch die Tabelle

i	0	1	2	3	4	5	6
b_i	4	1	2	3	4	1	3

gegebene Bézier-Kurve vom Grad n = 3 soll an den Stellen x = 1.5 und x = 2 ausgewertet
werden.

Eingabezeile

```
900 DATA 3,2,2,4,1,2,3,4
,1,3,1.5,2
```

Druckausgabe

```
    X   =   1.5
BEZ(X)  =   2.625

    X   =   2
BEZ(X)  =   3
```

4.7 Interpolation durch kubische Splines

Gegeben seien n + 1 Knoten

$$(x_i, f(x_i)), \qquad i = 0, \dots, n$$

mit äquidistanten Stützstellen $x_i = x_0 + i\,h$, h fest. Stellt man zur Approximation der Funktion f an eine Bézier-Kurve s (siehe 4.6 „Bézier-Kurve") die Forderung der zweimaligen Differenzierbarkeit an den Trennstellen x_i und gibt man zusätzlich die beiden Randbedingungen

$$s_0 = f'(x_0), \qquad s_n = f'(x_n),$$

so ist s dadurch eindeutig festgelegt. Eine solche Kurve heißt kubischer Interpolationsspline.

Das Programm berechnet die Koeffizienten der Béziersegmente

$$P_i(x) = \sum_{k=0}^{3} b_{3i+k}\, B_k^3(\lambda)$$

$$x \in [x_{i-1}, x_i] \qquad i = 1, \dots, n,$$

aus denen sich s zusammensetzt, und wertet s an R stellen y aus.

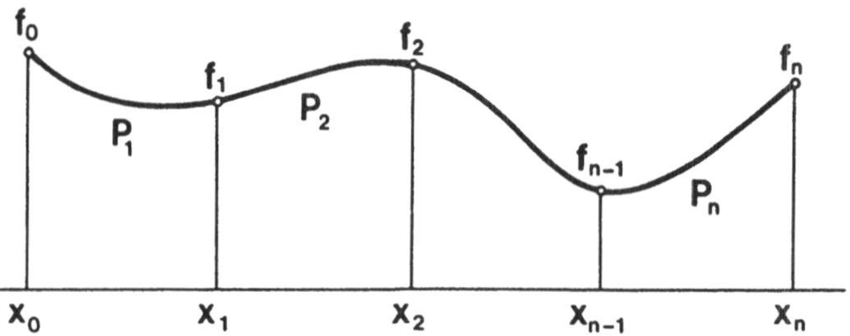

Programm 4.7 Interpolation durch kubische Splines

```
10 REM
15 REM KUBISCHER INTERPO
LATIONSSPLINE
20 REM
25 DIM A(3),AL(20),B(60)
,GA(20),D(20),F(20),G(20
),X(20),Y(20),Z(20)
30 READ N,R,X0,H
35 FOR I=0 TO N
40 READ F(I)
45 NEXT I
50 READ S0,SN
55 REM
60 REM RECHTE SEITE
65 REM
70 FOR I=1 TO N-1
75 B(3*I)=F(I)
80 F(I)=6*F(I)
85 NEXT I
90 B(0)=F(0)
95 F(0)=H*S0+3*F(0)
100 B(1)=F(0)/3
105 B(3*N)=F(N)
110 F(N)=3*F(N)-H*SN
115 B(3*N-1)=F(N)/3
120 REM
125 REM MATRIX
130 REM
135 Z(0)=2
140 Y(0)=1
145 FOR I=1 TO N-1
150 X(I)=1
155 Y(I)=1
160 Z(I)=4
165 NEXT I
170 X(N)=1
175 Z(N)=2
180 REM
185 REM LR-ZERLEGUNG
190 REM
195 AL(0)=Z(0)
200 GA(0)=Y(0)/AL(0)
205 G(0)=F(0)/AL(0)
210 FOR I=1 TO N
215 AL(I)=Z(I)-X(I)*GA(I
-1)
220 GA(I)=Y(I)/AL(I)
225 G(I)=(F(I)-X(I)*G(I-
1))/AL(I)
230 NEXT I
235 REM
240 REM DE BOOR PUNKTE
245 REM
250 LPRINT
255 D(N)=G(N)
260 FOR I=N-1 TO 0 STEP
-1
265 D(I)=G(I)-GA(I)*D(I+
1)
270 NEXT I
275 LPRINT"DIE DE BOOR P
UNKTE SIND:"
280 LPRINT
285 FOR I=0 TO N
290 LPRINT"D ( ";I;" ) =
 ";D(I)
295 NEXT I
300 REM
305 REM INNERE BEZIER PU
NKTE
310 REM
315 FOR K=1 TO N-1
320 B(3*K-1)=(D(K-1)+2*D
(K))/3
325 B(3*K+1)=(2*D(K)+D(K
+1))/3
330 NEXT K
335 LPRINT
340 LPRINT"DIE BEZIER PU
NKTE SIND:"
345 LPRINT
350 FOR I=0 TO N-1
355 FOR K=0 TO 3
360 LPRINT"B ( ";3*I+K;"
 ) = ";B(3*I+K)
365 NEXT K
370 LPRINT
375 NEXT I
380 REM
385 REM AUSWERTEN
390 REM
395 LPRINT"AUSWERTUNG"
400 FOR I=1 TO R
405 READ X
410 K=INT((X-X0)/H)
415 L=(X-X0-K*H)/H
420 FOR J=0 TO 3
425 A(J)=B(3*K+J)
430 NEXT J
435 REM
440 REM DE CASTELJAU
445 REM
450 FOR J=1 TO 3
455 FOR JJ=0 TO 3-J
460 A(JJ)=A(JJ)*(1-L)+A(
JJ+1)*L
465 NEXT JJ
470 NEXT J
475 LPRINT
480 LPRINT" X = ";X
485 LPRINT"S(X) = ";A(0)
490 NEXT I
495 END
900 DATA
```

Speicherplatz für das Programm: 1460 Bytes

Eingabedaten

n : Anzahl der Stützstellen − 1

R : Anzahl der Argumente y, an denen $s(x)$ ausgewertet werden soll

x_0 : Stützstelle x_0

h : Abstand der äquidistanten Stützstellen

f_0
.
. } Stützwerte
.
f_n

s_0 : Steigung in x_0

s_n : Steigung in x_n

y_1
.
. } Argumente y
.
y_R

Beispiel

Die Funktion $f(x) = \cos \pi x$ soll im Intervall $[0, 2]$ interpoliert werden. Es steht folgende Tabelle zur Verfügung

x_i	0	0.5	1	1.5	2
$f(x_i)$	1	0	−1	0	1

Damit ist also $n = 4$ und $h = 0.5$, ferner $s_0 = s_n = 0$.

Der berechnete Interpolationsspline ist an den Stellen .25, .75, 1, 1.25 und 1.75 auszuwerten (R = 5).

Eingabezeile

```
900 DATA 4,5,0,.5,1,0,-1
,0,1,0,0,.25,.75,1,1.25,
1.75
```

Druckausgabe

```
DIE DE BOOR PUNKTE SIND:

D ( 0 ) = 1.5
D ( 1 ) = 5.96046E-08

D ( 2 ) = -1.5
D ( 3 ) = 2.98023E-08

D ( 4 ) = 1.5

DIE BEZIER PUNKTE SIND:

B ( 0 ) = 1
B ( 1 ) = 1
B ( 2 ) = .5
B ( 3 ) = 0

B ( 3 ) = 0
B ( 4 ) = -.5
B ( 5 ) = -1
B ( 6 ) = -1

B ( 6 ) = -1
B ( 7 ) = -1
B ( 8 ) = -.5
B ( 9 ) = 0

B ( 9 ) = 0
B ( 10 ) = .5
B ( 11 ) = 1
B ( 12 ) = 1

AUSWERTUNG

  X = .25
S(X) = .6875

  X = .75
S(X) = -.6875

  X = 1
S(X) = -1

  X = 1.25
S(X) = -.6875

  X = 1.75
S(X) = .6875
```

5 Numerische Differentiation und Integration

5.1 Numerische Differentiation

Um näherungsweise die Ableitungen $f^{(k)}$ einer Funktion f an einer Stelle x zu bestimmen, liegt es nahe, f in der Umgebung von x durch ein Stützpolynom vom Grad n mit $n+1$ äquidistanten Stützstellen $x_i = x_0 + ih$, $i = 0, \ldots, n$, anzunähern und dieses zu differenzieren. Das Programm liefert Näherungen für die in der Tabelle aufgeführten Ableitungen

Anzahl der Stützstellen	Das Programm berechnet Näherungswerte für:		
$m = 2$	$f'(x_0)$	$f'\left(\dfrac{x_0 + x_n}{2}\right)$	$f'(x_n)$
$m = 3$	$f'(x_0)$	$f'\left(\dfrac{x_0 + x_n}{2}\right)$	$f'(x_n)$
	$f''(x_0)$	$f''\left(\dfrac{x_0 + x_n}{2}\right)$	$f''(x_n)$
$m = 4$	$f'(x_0)$	$f'\left(\dfrac{x_0 + x_n}{2}\right)$	$f'(x_n)$
	$f''(x_0)$	$f''\left(\dfrac{x_0 + x_n}{2}\right)$	$f''(x_n)$
	$f'''(x_0)$	$f'''\left(\dfrac{x_0 + x_n}{2}\right)$	$f'''(x_n)$

Einzugeben ist neben den Stützwerten die Anzahl der Stützstellen m, die Ordnung der Ableitung k, ein Kennbuchstabe L, M oder R (Ableitung am linken Rand, in der Mitte oder am rechten Rand) und die Schrittweite h.

Programm 5.1 Numerische Differentiation

```
100 REM
105 REM NUM. DIFF.
110 REM
115 READ M,O,S$
120 M=INT(M)
125 IF M<2 OR M>4 THEN P
RINT"2,3 ODER 4 STUETZST
ELLEN !":END
130 O=INT(O)
135 IF S$<>"L" AND S$<>"
M" AND S$<>"R" THEN PRIN
T"AUSWERTUNG L,M ODER R
!":END
140 READ H
145 FOR I=0 TO M-1
150 READ F(I)
155 NEXT I
160 ON M-1 GOTO 180,215,
355
165 REM
170 REM 2 STUETZSTELLEN
175 REM
180 IF O>1 THEN PRINT"NU
R 1. ABLEITUNG":END
185 O=1
190 DF=(F(1)-F(0))/H
195 GOTO 610
200 REM
205 REM 3 STUETZSTELLEN
210 REM
```

```
215 IF O>2 THEN PRINT"NU
R 1. UND 2. ABLEITUNG":E
ND
220 IF O=2 GOTO 330
225 O=1
230 REM
235 REM 1. ABL.
240 REM
245 IF S$="M" GOTO 295
250 IF S$="R" GOTO 320
255 REM
260 REM LINKER RAND
265 REM
270 DF=(-3*F(0)+4*F(1)-F
(2))/(2*H)
275 GOTO 610
280 REM
285 REM MITTE
290 REM
295 DF=(-F(0)+F(2))/(2*H
)
300 GOTO 610
305 REM
310 REM RECHTER RAND
315 REM
320 DF=(F(0)-4*F(1)+3*F(
2))/(2*H)
325 GOTO 610
330 REM
335 REM 2.ABL.
340 REM
345 DF=(F(0)-2*F(1)+F(2)
)/(H^2)
350 GOTO 610
355 REM
360 REM 4 STUETZSTELLEN
365 REM
370 IF O>3 THEN PRINT"NU
R 1.,2. ODER 3. ABL. !":
END
375 IF O=2 GOTO 490
380 IF O=3 GOTO 590
385 O=1
390 REM
395 REM 1. ABL.
400 REM
405 IF S$="M" GOTO 440
410 IF S$="R" GOTO 465
415 REM
420 REM LINKER RAND
425 REM
430 DF=(-11*F(0)+18*F(1)
-9*F(2)+2*F(3))/(6*H)
435 GOTO 610
440 REM
445 REM MITTE
450 REM
455 DF=(F(0)-27*(F(1)-F(
2))-F(3))/(24*H)
460 GOTO 610
465 REM
470 REM RECHTER RAND
475 REM
480 DF=(-2*F(0)+9*F(1)-1
8*F(2)+11*F(3))/(6*H)
485 GOTO 610
490 REM
495 REM 2. ABL.
500 REM
505 IF S$="M" GOTO 540
510 IF S$="R" GOTO 565
515 REM
520 REM LINKER RAND
525 REM
530 DF=(2*F(0)-5*F(1)+4*
F(2)-F(3))/(H^2)
535 GOTO 610
540 REM
545 REM MITTE
550 REM
555 DF=(F(0)-F(1)-F(2)+F
(3))/(2*H^2)
560 GOTO 610
565 REM
570 REM RECHTER RAND
575 REM
580 DF=(-F(0)+4*F(1)-5*F
(2)+2*F(3))/(H^2)
585 GOTO 610
590 REM
595 REM 3. ABL.
600 REM
605 DF=(-F(0)+3*F(1)-3*F
(2)+F(3))/(H^3)
610 REM
615 REM AUSGABE
620 REM
625 LPRINT M;"STUETZSTEL
LEN"
630 IF S$="L" THEN A$="
AM LINKEN RAND"
635 IF S$="M" THEN A$="
IN DER MITTE"
640 IF S$="R" THEN A$="
AM RECHTEN RAND"
645 LPRINT O;". ABLEITUN
G"
650 LPRINT A$
655 LPRINT
660 LPRINT DF
665 END
900 DATA
```

Speicherplatz für das Programm: 1824 Bytes

Eingabedaten

m   : Anzahl der Stützstellen
k   : Ordnung der zu approximierenden Ableitung
Kennb.: L für linker Rand
       M für Mitte
       R für rechter Rand
h   : Schrittweite

f_0
  .
  .   Stützwerte
  .
f_n

Beispiel

Gesucht ist eine Näherung für die 1. Ableitung der Funktion $f(x) = \sin x$ an der Stelle $\pi/4$.
Gegeben ist die Tabelle

x_i	0	$\pi/6$	$\pi/3$	$\pi/2$
$\sin x_i$	0	$1/2$	$\sqrt{3}/2$	1

Es ist also

$m = 4$, $k = 1$, Kennbuchstabe = M und $h = \pi/6$.

Eingabezeile

```
900 DATA 4,1,M,.523589,0
,.5,.866025,1
```

Druckausgabe

```
4 STUETZSTELLEN
1 . ABLEITUNG
IN DER MITTE

.706874
```

Der exakte Wert ist $\sqrt{2}/2 = .707\,107$.

5.2 Sehnentrapezsumme

Als Näherung für den Wert $\int\limits_a^b f(x)\,dx$ benutzt man die Sehnentrapezsumme S_N, die man

durch Aufteilen des Intervalls [a, b] in 2^N Teilintervalle erhält.

Es ist

$$S_N = \frac{b-a}{2^{N+1}} \left(f(a) + f(b) + 2 \sum_{i=1}^{2^N-1} f\left(a + i\,\frac{b-a}{2^N}\right) \right).$$

Die Funktion f wird mit dem Befehl

    DEF FNF(X) =

in Programmzeile 190 definiert.

Programm 5.2 Sehnentrapezsumme

```
100 REM
110 REM SEHNENTRAPEZSUMM
E
120 REM
130 DIM S(20),T(20)
140 READ A,B,N
150 REM
160 REM DEFINITION VON F
170 REM    IN ZEILE 190
180 REM
190 DEF FNF(X)=
200 H=B-A
210 IF H<=0 THEN PRINT "
B>A !":END
220 S(0)=(FNF(A)+FNF(B))
*H/2
230 FOR K=1 TO N
240 H=H/2
250 FOR I=1 TO 2^(K-1)
260 T(K-1)=T(K-1)+FNF(A+
(2*I-1)*H)
270 NEXT I
280 T(K-1)=T(K-1)*2*H
290 S(K)=(S(K-1)+T(K-1))
/2
300 NEXT K
310 LPRINT
320 LPRINT"DIE SEHNENTRA
PEZSUMME"
330 LPRINT"UEBER DEM ";2
^N;"- FACH"
340 LPRINT"UNTERTEILTEN
INTERVALL"
350 LPRINT"(";A;",";B;")
   LAUTET:"
360 LPRINT
370 LPRINT"S (";N;") = "
;S(N)
380 END
900 DATA
```

Speicherplatz für das Programm: 509 Bytes

Eingabedaten

a   : linke Intervallgrenze
b   : rechte Intervallgrenze
N   : Zahl der Schritte

Beispiel

Gesucht ist eine Näherung für $I = \int_0^1 \frac{dx}{1+x^2}$ mit N = 3.

Eingabezeilen

```
190 DEF FNF(X)=1/(1+X^2)

900 DATA 0,1,3
```

Druckausgabe

```
DIE SEHNENTRAPEZSUMME
UEBER DEM  8 - FACH
UNTERTEILTEN INTERVALL
( 0 , 1 ) LAUTET:

S ( 3 ) =  .784747
```

Es ist I = arctan 1 = .785398

5.3 Romberg-Integration

Betrachtet man zur Approximation des Wertes $\displaystyle\int_a^b f(x)\,dx$ die Folge der Sehnentrapez-

summen $S_0, \ldots, S_N$, so läßt sich die Konvergenz dieser Näherungsfolge durch wiederholte Extrapolation nach der Formel

$$S_{i,\ldots,k} = \frac{S_{i+1,\ldots,k} - 4^{k-i}\,S_{i,\ldots,k-1}}{1 - 4^{k-i}} \qquad k = 1, \ldots, N \quad i = k-1, \ldots, 0$$

beschleunigen. Das Programm liefert als Näherung für das Integral den Wert $S_{0,\ldots,N}$.

Die Funktion f wird mit dem Befehl

        DEF FNF(X) =

in Programmzeile 190 definiert.

Programm 5.3 Romberg-Integration

```
100 REM
110 REM ROMBERG-INTEGRAT
ION
120 REM
130 DIM S(20),T(20)
140 READ A,B,N
150 REM
160 REM DEFINITION VON F
170 REM    IN ZEILE 190
180 REM
190 DEF FNF(X)=
200 H=B-A
210 IF H<=0 THEN PRINT "
B>A !":END
220 S(0)=(FNF(A)+FNF(B))
*H/2
230 FOR K=1 TO N
240 H=H/2
250 FOR I=1 TO 2^(K-1)
260 T(K-1)=T(K-1)+FNF(A+
(2*I-1)*H)
270 NEXT I
280 T(K-1)=T(K-1)*2*H
290 S(K)=(S(K-1)+T(K-1))
/2
300 NEXT K
310 FOR K=1 TO N
320 R=1
330 FOR I=K-1 TO 0 STEP
-1
340 R=4*R
350 S(I)=(R*S(I+1)-S(I))
/(R-1)
360 NEXT I
370 NEXT K
380 LPRINT
390 LPRINT"DIE EXTRAPOLA
TION ERGIBT"
400 LPRINT
410 LPRINT"I =";S(0)
420 END
900 DATA
```

Speicherplatz für das Programm: 514 Bytes

Eingabedaten

a   : linke Intervallgrenze
b   : rechte Intervallgrenze
N   : Zahl der Schritte

Beispiel

Gesucht ist eine Näherung für $\ \mathsf{I} = \displaystyle\int_0^1 \frac{dx}{1+x^2}\ $ mit $\mathsf{N} = 3$.

Eingabezeilen

```
190 DEF FNF(X)=1/(1+X^2)

900 DATA 0,1,3
```

Druckausgabe

```
DIE EXTRAPOLATION ERGIBT

I = .785397
```

Es ist I = arctan 1 = .785398

5.4 Das Eulersche Polygonzugverfahren

Gegeben sei eine gewöhnliche Differentialgleichung erster Ordnung mit Anfangsbedingung

$$y' = f(x, y); \quad y(a) = y_a .$$

Gesucht ist $y(b) = y_b$. Die Grundidee des Polygonzugverfahrens besteht darin, das Intervall $[a, b]$ in n gleiche Teile zu teilen und die Lösungskurve $y(x)$ durch den Streckenzug mit den Ecken (x_i, η_i) zu ersetzen. Beim Eulerschen Polygonzugverfahren ist

$$x_{k+1} = x_k + \frac{b-a}{n}, \quad x_0 = a$$

$$\eta_{k+1} = \eta_k + \frac{b-a}{n} f(x_k, \eta_k), \quad k = 0, \ldots, n-1.$$

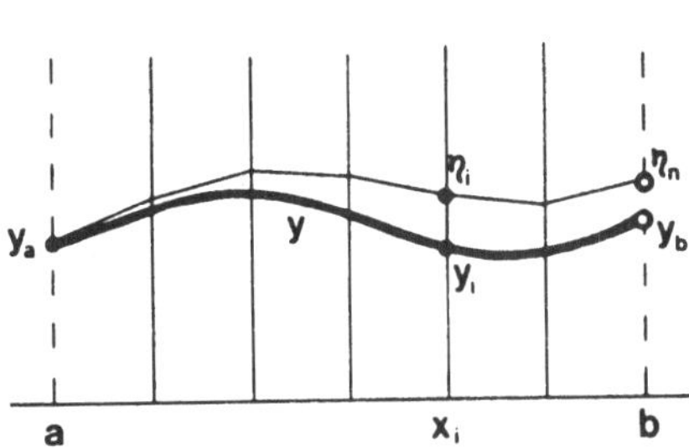

Die Funktion f wird mit dem Befehl

    DEF FNF(X, Y) =

in Programmzeile 180 definiert.

Programm 5.4 Das Eulersche Polygonzugverfahren

```
100 REM                          210 X=A
110 REM EULERSCHES POLYG         220 Y=YA
ONZUGVERFAHREN                   230 FOR K=1 TO N
120 REM                          240 Y=Y+H*FNF(X,Y)
130 READ A,B,YA,N                250 X=X+H
140 REM                          260 NEXT K
150 REM DEFINITION VON F         270 LPRINT
160 REM    IN ZEILE 180          280 LPRINT"DIE NAEHERUNG
170 REM                           FUER Y(B) IST:"
180 DEF FNF(X,Y)=                290 LPRINT
190 H=(B-A)/N                     300 LPRINT Y
200 IF H<=0 THEN PRINT "         310 END
B>A !":END                       900 DATA
```

Speicherplatz für das Programm: 309 Bytes

Eingabedaten

a   : linke Intervallgrenze

b   : rechte Intervallgrenze

y_a : Anfangswert

n   : Zahl der Schritte

Beispiel

Gegeben ist die Anfangswertaufgabe $y' = \frac{x}{y}$, $y(1) = 2$. In $n = 10$ Schritten soll eine Näherung für $y(1.5)$ gefunden werden.

Eingabezeilen

```
180 DEF FNF(X,Y)=X/Y

900 DATA 1,1.5,2,10
```

Druckausgabe

```
DIE NAEHERUNG FUER Y(B)
IST:

 2.28765
```

Es ist $y = \sqrt{x^2 + 3}$ und $y(1.5) = 2.29128$

5.5 Das Verfahren von Heun

Gegeben sei eine gewöhnliche Differentialgleichung erster Ordnung mit Anfangsbedingung

$$y' = f(x, y), \quad y(a) = y_a \, .$$

Gesucht ist $y(b) = y_b$. Das Programm bestimmt eine Näherung für y_b in n Schritten (für $i = 0, \ldots, n - 1$) nach den Formeln

$$\eta_{i+1} = \eta_i + F(x_i, \eta_i)$$

mit $\quad F = \dfrac{1}{2}(f_0 + f_1)$

und $\quad f_0 = h \cdot f(x_i, \eta_i), f_1 = h \cdot f(x_i + h, \eta_i + f_0)$

mit $\quad h = \dfrac{b - a}{n}$ und $x_i = a + ih$.

Die Funktion f wird mit dem Befehl

$$\text{DEF FNF } (X, Y) =$$

in Programmzeile 180 definiert.

Programm 5.5 Das Verfahren von Heun

```
100 REM                          230 FOR K=1 TO N
110 REM VERFAHREN VON HE         240 F0=H*FNF(X,Y)
UN                               250 F1=H*FNF(X+H,Y+F0)
120 REM                          260 F=(F0+F1)/2
130 READ A,B,YA,N                270 Y=Y+F
140 REM                          280 X=X+H
150 REM DEFINITION VON F         290 NEXT K
160 REM    IN ZEILE 180          300 LPRINT
170 REM                          310 LPRINT"DIE NAEHERUNG
180 DEF FNF(X,Y)=                 FUER Y(B) IST:"
190 H=(B-A)/N                    320 LPRINT
200 IF H<=0 THEN PRINT "         330 LPRINT Y
B>A !":END                       340 END
210 X=A                          900 DATA
220 Y=YA
```

Speicherplatz für das Programm: **344 Bytes**

Eingabedaten

a   : linke Intervallgrenze

b   : rechte Intervallgrenze

y_a : Anfangswert

n   : Zahl der Schritte

Beispiel

Gegeben ist das Anfangswertproblem $y' = \frac{x}{y}$, $y(1) = 2$. In $n = 10$ Schritten soll eine Näherung für $y(1.5)$ bestimmt werden.

Eingabezeilen

```
180 DEF FNF(X,Y)=X/Y

900 DATA 1,1.5,2,10
```

Druckausgabe

```
DIE NAEHERUNG FUER Y(B)
IST:

 2.29129
```

Es ist $y = \sqrt{x^2 + 3}$ und $y(1.5) = 2.29128$

5.6 Das klassische Runge-Kutta-Verfahren

Gegeben sei eine gewöhnliche Differentialgleichung erster Ordnung mit Anfangsbedingung

$$y' = f(x, y), \quad y(a) = y_a .$$

Gesucht ist $y(b) = y_b$. Das Programm liefert eine Näherung η_n für y_b nach den Formeln

$$\eta_{i+1} = \eta_i + F(x_i, \eta_i), \quad i = 0, \ldots, n-1$$

mit $F = \frac{1}{6}(f_0 + 2f_1 + 2f_2 + f_3)$

und $f_0 = h \cdot f(x_i, \eta_i)$, $\quad f_1 = h \cdot f\left(x_i + \frac{h}{2}, \eta_i + \frac{f_0}{2}\right)$,

$$f_2 = h \cdot f\left(x_i + \frac{h}{2}, \eta_i + \frac{f_1}{2}\right), \quad f_3 = h \cdot f(x_i + h, \eta_i + f_2).$$

Dabei ist $x_i = a + i \cdot h$, $h = \frac{b-a}{n}$ und n die Anzahl der Schritte.

Die Funktion f wird mit dem Befehl

```
DEF FNF (X, Y) =
```

in Programmzeile 180 definiert.

Programm 5.6 Das klassische Runge-Kutta-Verfahren

```
100 REM
110 REM RUNGE KUTTA
120 REM
130 READ A,B,YA,N
140 REM
150 REM DEFINITION VON F
160 REM    IN ZEILE 180
170 REM
180 DEF FNF(X,Y)=
190 H=(B-A)/N
200 IF H<=0 THEN PRINT "
B>A !":END
210 X=A
220 Y=YA
230 FOR K=1 TO N
240 F0=H*FNF(X,Y)
250 F1=H*FNF(X+H/2,Y+F0/
2)
260 F2=H*FNF(X+H/2,Y+F1/
2)
270 F3=H*FNF(X+H,Y+F2)
280 F=(F0+2*F1+2*F2+F3)/
6
290 X=X+H
300 Y=Y+F
310 NEXT K
320 LPRINT
330 LPRINT"DIE NAEHERUNG
 FUER Y(B) IST:"
340 LPRINT
350 LPRINT Y
360 END
900 DATA
```

Speicherplatz für das Programm: 399 Bytes

Eingabedaten

a   : linke Intervallgrenze

b   : rechte Intervallgrenze

y_a : Anfangswert

n   : Zahl der Schritte

Beispiel

Gegeben ist das Anfangswertproblem $y' = \frac{x}{y}$, $y(1) = 2$. In $n = 10$ Schritten soll eine Näherung für $y(1.5)$ bestimmt werden.

Eingabezeilen

```
180 DEF FNF(X,Y)=X/Y

900 DATA 1,1.5,2,10
```

Druckausgabe

```
DIE NAEHERUNG FUER Y(B)
IST:

 2.29129
```

5.7 Einschrittverfahren mit Schrittweitensteuerung

Um Schwankungen des lokalen Diskretisierungsfehlers beim Rechnen mit konstanter Schrittweite zu vermeiden, steuert das Programm bei der Lösung des Anfangswertproblems $y' = f(x, y)$, $y(a) = y_a$ die Schrittweite selbständig so, daß der lokale Diskretisierungsfehler annähernd konstant bleibt. Es benutzt dabei ein Paar von Runge-Kutta-Verfahren F_p, F_{p+1} der Ordnung p bzw. p + 1 und bestimmt die jeweilige Schrittweite nach der Formel

$$h_{i+1} = 0.8 \cdot h_i \cdot \sqrt{\frac{\epsilon}{h_0\, |F_{p+1} - F_p| + \epsilon \cdot 0.08^{p+1}}}\,,$$

wobei $\epsilon > 0$ eine vorzugebende Toleranzschranke ist. Das Programm verwendet die beiden folgenden Verfahren F_2, F_3:

$p = 2$:　　　　$\eta_{i+1} = \eta_i + F_2\,(x_i, \eta_i)$

　　mit　　　$F_2 = \dfrac{1}{2}\,(f_0 + f_1)$

　　und　　　$f_0 = h \cdot f(x_i, \eta_i),\ f_1 = h \cdot f(x_i + h,\ \eta_i + f_0)$

$p = 3$:　　　　$\eta_{i+1} = \eta_i + F_3\,(x_i, \eta_i)$

　　mit　　　$F_3 = \dfrac{1}{6}\,(f_0 + f_1 + 4f_2)$

　　und　　　$f_0 = h \cdot f(x_i, \eta_i),\ f_1 = h \cdot f(x_i + h,\ \eta_i + f_0),$

　　　　　　$f_2 = h \cdot f\left(x_i + \dfrac{h}{2},\ \eta_i + \dfrac{1}{4}\,(f_0 + f_1)\right).$

Dabei ist $x_i = x_{i-1} + h_i$. Die Funktion f wird mit dem Befehl

　　DEF FNF (X, Y) =

in Programmzeile 180 definiert.

Programm 5.7　Einschrittverfahren mit Schrittweitensteuerung

```
100 REM                            230 REM
110 REM SCHRITTWEITENSTE           240 REM F2
UERUNG                             250 REM
120 REM                            260 F20=H*FNF(X,Y)
130 READ A,B,YA,H,EPS              270 F21=H*FNF(X+H,Y+F20)
140 REM                            280 F2=(F20+F21)/2
150 REM DEFINITION VON F           290 REM
160 REM    IN ZEILE 180            300 REM F3
170 REM                            310 REM
180 DEF FNF(X,Y)=                  320 F30=H*FNF(X,Y)
190 X=A                            330 F31=H*FNF(X+H,Y+F30)
200 Y=YA                           340 F32=H*FNF(X+H/2,Y+(F
210 IF (X+H)>=B THEN H=B           30+F31)/4)
-X                                 350 F3=(F30+F31+4*F32)/6
220 IF H<=0 GOTO470                360 REM
```

```
370 REM SCHRITTWEITE          460 GOTO 210
380 REM                       470 REM
390 E=H*ABS(F2-F3)            480 REM AUSGABE
400 H1=.8*H*((EPS/(E+EPS      490 REM
*.08^4)))^.25                500 LPRINT
410 IF H1<H THEN H=H1 EL      510 LPRINT"DIE NAEHERUNG
SE GOTO 430                    FUER Y(B) IST:"
420 GOTO 240                  520 LPRINT
430 X=X+H                     530 LPRINT Y
440 Y=Y+F3                    540 END
450 H=H1                      900 DATA
```

Speicherplatz für das Programm: 653 Bytes

Eingabedaten

a   : linke Intervallgrenze

b   : rechte Intervallgrenze

y_a : Startwert

h_0 : Startschrittweite

ϵ : Toleranz

Beispiel

Gegeben ist das Anfangswertproblem $y' = \frac{x}{y}$, $y(1) = 2$. Gesucht ist eine Näherung für $y(1.5)$ mit $h_0 = 0.1$ und $\epsilon = 10^{-5}$.

Eingabezeilen

```
180 DEF FNF(X,Y)=X/Y

900 DATA 1,1.5,2,.1,1E-5
```

Druckausgabe

```
DIE NAEHERUNG FUER Y(B)
IST:

 2.2913
```

Es ist $y = \sqrt{x^2 + 3}$ und $y(1.5) = 2.29128$.

5.8 Die Mittelpunktsregel

Die Mittelpunktsregel ist ein Mehrschrittverfahren zur Lösung der gewöhnlichen
Differentialgleichung erster Ordnung

$$y' = f(x, y) ,$$

$y_a = y(a)$ ist vorzugeben, 1 wird nach einem Einschrittverfahren bestimmt. Die Näherung
für $y_b = y(b)$ bestimmt sich dann nach

$$\eta_{i+2} = 2\,h \cdot f(x_{i+1}, \eta_{i+1}) + \eta_i$$

Die Funktion f wird mit dem Befehl

DEF FNF (X, Y) =

in Programmzeile 180 definiert.

Programm 5.8 Die Mittelpunktsregel

```
100 REM                              280 F=(F0+F1)/2
110 REM MITTELPUNKTSREGE             290 Y1=Y0+F
L                                    300 REM
120 REM                              310 REM ITERATION
130 READ A,B,YA,N                    320 REM
140 REM                              330 FOR K=2 TO N
150 REM DEFINITION VON F             340 F=FNF(X,Y1)
160 REM    IN ZEILE 180              350 Y2=2*H*F+Y0
170 REM                              360 X=X+H
180 DEF FNF(X,Y)=                    370 Y0=Y1
190 H=(B-A)/N                        380 Y1=Y2
200 IF H<=0 THEN PRINT "             390 NEXT K
B>A !":END                          400 LPRINT
210 X=A+H                            410 LPRINT"DIE NAEHERUNG
220 Y0=YA                             FUER Y(B) IST:"
230 REM                              420 LPRINT
240 REM ANLAUF                       430 LPRINT Y2
250 REM                              440 END
260 F0=H*FNF(X,Y0)                   900 DATA
270 F1=H*FNF(X+H,Y0+F0)
```

Speicherplatz für das Programm: 455 Bytes

Eingabedaten

a　　: linke Intervallgrenze
b　　: rechte Intervallgrenze
y_a　: Startwert
n　　: Zahl der Schritte

Beispiel

Gegeben ist das Anfangswertproblem $y' = \frac{x}{y}$, $y(1) = 2$. Gesucht ist in $n = 10$ Schritten eine Näherung für $y(1.5)$.

Eingabezeilen

```
180 DEF FNF(X,Y)=X/Y

900 DATA 1,1.5,2,10
```

Druckausgabe

```
DIE NAEHERUNG FUER Y(B)
IST:

 2.29117
```

Es ist $y = \sqrt{x^2 + 3}$ und $y(1.5) = 2.29128$.

Verzeichnis der behandelten Probleme

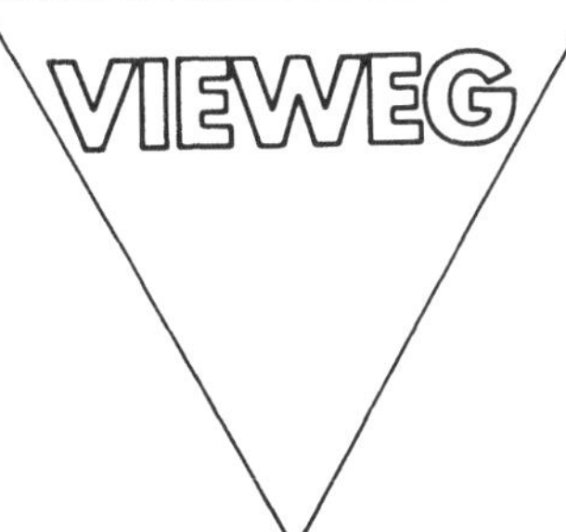

Wolfgang Böhm, Günther Gose und Jürgen Kahmann
Methoden der Numerischen Mathematik
1985. ca. 160 S. mit 78 Abb. 16,2 X 22,9 cm. Br.

Inhalt: Grundbegriffe — Lineare Gleichungen und Ungleichungen — Iteration — Interpolation und diskrete Approximation — Numerische Differentiation und Integration.

Die „Methoden der Numerischen Mathematik" sind eine wesentlich erweiterte Neubearbeitung der „Einführung in die Methoden der Numerischen Mathematik" von Böhm/Gose aus dem Jahr 1977.

Der Gegenstand des Buches reicht von Grundaufgaben der Linearen Algebra über Iteration, Interpolation und Approximation bis zur Numerischen Differentiation und Integration. Neuaufgenommen wurde u.a. ein Abschnitt über die Flächen von Coons und zwei Kapitel über die Methode der finiten Elemente. Allerdings handelt es sich nicht nur um eine Sammlung von Algorithmen der Numerischen Mathematik. In erster Linie geht es den Autoren darum, dem Leser allgemeingültige Prinzipien für die Entwicklung und Analyse konstruktiver Verfahren nahezubringen. Dabei stehen hohe Anschaulichkeit und klare Darstellung der Grundlagen im Vordergrund, bevor die Algorithmen selbst in einer einer Programmiersprache sehr ähnlichen Notation formuliert werden.

Direkt daraus abgeleitet sind die „BASIC-Programme zur Numerischen Mathematik" von Jürgen Kahmann.

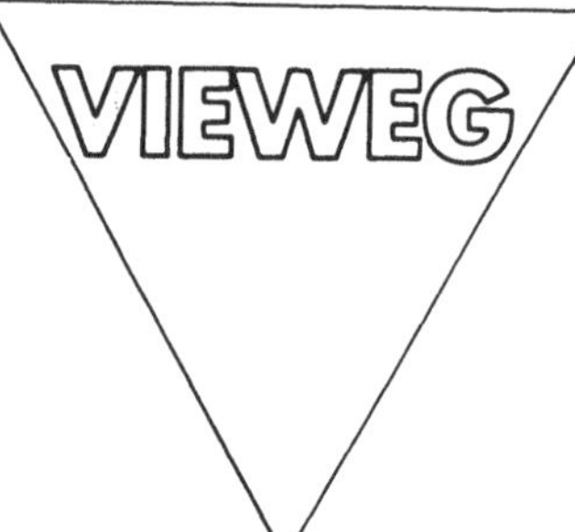

Dietmar Herrmann

Numerische Mathematik — 40 BASIC-Programme

Mit einer Einführung von Wolf Mannhart. 1983. VI, 141 S.
16,2 X 22,9 cm. (Anwendung von Mikrocomputern, Bd. 4). Br.

Durch das große Angebot leistungsfähiger Mikrocomputer ist es heute möglich, umfangreiche numerische Berechnungen durchzuführen, ohne Zugang zu einem Rechenzentrum zu haben.

Hauptziel des Bandes ist es, BASIC-Programme für die wichtigsten numerischen Probleme, wie

- Funktionsentwicklungen nach Fourier und Tschebyschew
- Nichtlineare Gleichungen
- Lineare Gleichungen
- Fehler- und Ausgleichsrechnung
- Interpolation
- Numerische Differentiation
- Numerische Integration
- Eigenwertproblem von Matrizen
- Gewöhnliche Differentialgleichungen
- Partielle Differentialgleichungen

bereitzustellen.

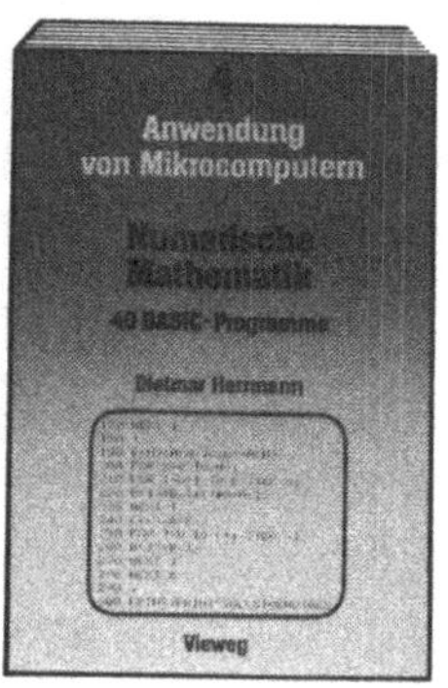

Besonderer Wert wurde auch auf neuere, effektive Verfahren gelegt, wie z. B. Integration durch Extrapolation nach Bulirsch-Stoer, Extrapolationsverfahren für Differentialgleichungen und das QR-Verfahren zur Eigenwertbestimmung nichtsymmetrischer Matrizen. Die wichtigsten Verfahren werden durch Struktogramme ausführlich erläutert. Jedes der insgesamt 40 Programme wird durch ein numerisches Beispiel ergänzt. Alle Programme verzichten auf spezielle BASIC-Befehle und sind damit auf alle Mikrocomputer übertragbar.